INSIDE COCKPIT

Rolf Stünkel

INSIDE COCKPIT

- ✈ Piloten
- ✈ Technik
- ✈ Teamwork

Unser komplettes Programm:
www.geramond.de

Produktmanagement: Aurel Butz
Schlusskorrektur: Helga Peterz, München
Satz: Elke Mader, München
Repro: Cromika, Verona
Herstellung: Thomas Fischer, Anna Katavic
Cover: Jarzina Kommunikations-Design unter Verwendung eines Fotos der Lufthansa

Gesamtherstellung:
GeraNova Bruckmann Verlagshaus GmbH

Alle Angaben dieses Werkes wurden vom Autor sorgfältig recherchiert und auf den aktuellen Stand gebracht sowie vom Verlag geprüft. Für die Richtigkeit der Angaben kann jedoch keine Haftung übernommen werden. Für Hinweise und Anregungen sind wir jederzeit dankbar. Bitte richten Sie diese an:
GeraMond Verlag
Postfach 40 02 09
80702 München
E-Mail: lektorat@geramond.de

Die Deutsche Nationalbibliothek verzeichnet diese Publikation in der Deutschen Nationalbibliografie; detaillierte bibliografische Daten sind im Internet über http://dnb.d-nb.de abrufbar.

2., aktualisierte Auflage
© 2013 GeraMond Verlag GmbH
ISBN 978-3-86245-332-0

Alle Aufnahmen stammen vom Autor, außer: S. 26 unten, S. 66 links unten (Roland Sommer); S. 30/31, S. 33 (Markus Tanneberger); S. 35, 37, 38 (Rüdiger Kahl); S. 48/49 (Jens Görlich); S. 55, 82, 86, 87 (Johanna Foitzik); S. 65 oben (Uwe Wenkel); S. 74 unten, S. 77 oben (Bernd Kopf); S. 80/81 (Ingrid Friedl/Lufthansa), 84, 85 oben (Birgit Sommer); S. 83 (Monika Herr); S. 91 (Clifford R. Smith); S. 92, 93 oben (Markus Kugelmann); S. 96, 97 unten, 98 (Martin Wälti); S. 97 oben (Roman Thissen); S. 130/131 (Honeywell); S. 139 (Christian Kwasniewski); Nachsatz (Lufthansa-Systems).

„... dieser Himmel ...
er ist nie derselbe."

*Airbus-Kapitän Chesley H. Sullenberger
im Interview mit der Zeitschrift „Stern"*

Über den Autor:
Rolf Stünkel wurde 1954 im niedersächsischen Hildesheim geboren. Er wollte eigentlich Musiker werden, ging aber zur Marine. Dort landete er nach kurzer Seefahrtszeit im Kampfflugzeug-Cockpit und wurde Fluglehrer. Nach etlichen Jahren auf Starfighter- und Tornado-Jets, unterbrochen von Verwendungen an Land und auf See, wechselte Stünkel 1989 zur Lufthansa. Der siebenfache Vater fliegt aus München Langstrecke auf Airbus A340. Er arbeitet als selbstständiger Autor und Fotograf für Luftfahrtzeitschriften und betreut Seminare für entspanntes Fliegen. Seine Bücher „INSIDE AIRPORT" und „INSIDE TOWER" erschienen ebenfalls im GeraMond Verlag.

„Bitte anschnallen!"

Linienfliegerei, welch ein merkwürdiger Job: starten, hoch über den Wolken hinter einer schusssicheren Tür hocken, navigieren, funken, landen. Wie ticken Menschen, die freiwillig Jahrzehnte ihres Lebens in Flugzeugen verbringen? Was fasziniert sie an der Fliegerei, was muss man können und lernen, um ins Cockpit zu kommen, wie steht es mit Technik und Teamarbeit? Fragen, die nicht nur von Flugangst geplagte Passagiere interessieren.

In diesem Buch kommen Praktiker zu Wort, vom Flugschüler bis zum Jumbo-Kapitän. Zur Vereinfachung werden überwiegend die männlichen Berufs- und Funktionsbezeichnungen genannt; ich bitte die fliegenden Damen um Verständnis. Herzlichen Dank, liebe Mitwirkende, für die tollen Beiträge und Fotos – euch allen Happy Landings!

„Bitte anschnallen – wir sind klar zum Abflug."

Rolf Stünkel, im Oktober 2012

Inhalt

Impressum/Über den Autor	4
„Bitte anschnallen!"	5
Arbeitsplatz Cockpit	8
Beruf: Linienpilot	22
Die Pilotenlaufbahn	27
Training	30
Line Training: das fliegende Klassenzimmer	35
Instrumentenflug	40
Teamarbeit	48
Multi Crew Concept	50
Crew Resource Management (CRM)	53
Die Praxis	55
Kurzstrecke	60
Langstrecke	68
Cockpits heute	71
Dienst ist Dienst	72
Frauen im Cockpit	80

INHALT

Pakete fliegen	88	Zusammenstoß-Warngeräte	120
Aliens: Ausländer im Cockpit	94	Flugdatenschreiber	130
		Zauberkasten	133
Die letzten Meter	100	Super-Schachteln	134
Radar	110	Faszination Cockpit	140

Im Airbus A330 über den Nordatlantik: Bei 30 Grad westlicher Länge verläuft die Luftraumgrenze zwischen Gander (Kanada) und Shanwick (Irland)

Bildschirme, „Joysticks", 1.000 Knöpfe, Karten – das ist der erste Eindruck vom digitalen Arbeitsplatz hoch über den Wolken. Wer hier oben welchen Schalter bewegt, ist haargenau vorgeschrieben – dass dieser Job auch Spaß machen kann, steht nicht in der Dienstvorschrift

Arbeitsplatz Cockpit

Zwei Sessel und der beste Ausblick der Welt – so sehen die meisten Piloten ihren Arbeitsplatz, und kaum einer möchte tauschen. Was für ein Büro! Keine Zierpflanzen und Familienfotos weit und breit, null Hitradio-Gedudel im Hintergrund. Weder Spaziergänge noch Zigarettenpausen, keine großen Schreibtische oder Kantinen. Piloten ist das alles wurscht: Sie empfinden Enge und Abgeschiedenheit nicht als Zumutung, mögen Schichtdienst und futtern, was an Bord übrig bleibt. Sie müssen fit bleiben: Wenn im Flugzeug ein Problem auftaucht, gibt es außer der Crew (und zufällig mitreisenden Kollegen) niemanden, den man zur Hilfe herbeirufen könnte. Der Zeitdruck nagt, der Sprit lässt sich nicht endlos strecken, die technische Ausrüstung ist begrenzt. Der Kontakt zur Außenwelt besteht aus ein paar Funk- und Datenübertragungsgeräten, sofern diese noch intakt sind. Turbulenzen können den Arbeitsplatz kräftig durchschütteln, der vielleicht verqualmt im Schein der Notbeleuchtung liegt. Egal, ob der Kabinendruck abfällt, ein Warnton-Hupkonzert einsetzt oder es im Cockpit plötzlich mäuschenstill wird: Was immer Piloten dort oben tun und entscheiden, wirkt sich direkt auf das Wohlergehen aller Insassen aus. Fehlentscheidungen haben in der Luft meist drastischere Konsequenzen als am Boden; dabei fangen alle Zwischenfälle oder Horrorszenarien fast immer mit einem harmlosen Start an.

Wer zum ersten Mal ein Digital-Cockpit von innen sieht, wird von der Unzahl von Schaltern, Drehknöpfen und Bildschirmen schier umgehauen. Nicht zu fassen, dass sich Piloten da zurechtfinden! Zwar sind Schubhebel, Steuerung, Seitenruder und der künstliche

Das analoge Cockpit einer einmotorigen Piper PA28 – ein typischer „Uhrenladen". Der Pilot wählt gerade eine neue Sendefrequenz an

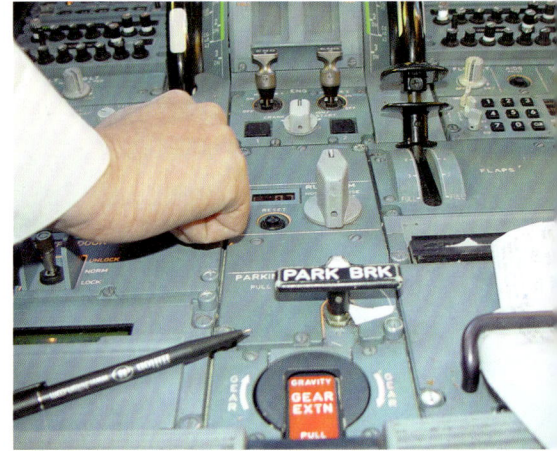

Auf der Mittelkonsole des Airbus sitzen die Hebel für die Fahrwerk-Notbetätigung – vorn – und dahinter der der Parkbremse

Anflug auf San Francisco, an einem April-Abend. Auch der Arbeitstag des Piloten neigt sich dem Ende

Horizont kaum zu übersehen. Doch wo stecken Kompass, Höhenmesser, Geschwindigkeitsanzeige und Funkgeräte? Es leuchtet ein, dass man für diesen Maschinenleitstand einen Führerschein braucht – die Musterberechtigung für einen speziellen Flugzeugtyp.

Das seltsame Wort Cockpit (zusammengesetzt aus den englischen Ausdrücken für

Audio Control Panel – hier werden die Funkgeräte, Gegensprechanlagen und Navigationsgeräte zum Abhören angewählt

ARBEITSPLATZ COCKPIT

Die Cockpits der Airbus-Typenfamilie sind alle ähnlich konfiguriert. Hier das Bedienfeld des Autoflight Systems. Man erkennt die angewählte Geschwindigkeit von 320 Knoten – knapp 600 Kilometer pro Stunde – und die Flughöhe von 20.000 Fuß – das entspricht etwa 6.000 Metern

„Hahn" und „Grube") bezeichnete anfangs den Platz für Hahnenkämpfe. William Shakespeare nannte auch die Theaterbühne Cockpit. In seinem Drama *Heinrich der V.* taucht die Frage auf, ob auch große Landschaftsszenen auf die Bretter passen: *Can this Cock-Pit hold the vastie fields of France?* (Diese Hahnengrube, fasst sie die Ebenen Frankreichs?) Shakespeare zeigt die ruhmreiche Schlacht von Azincourt vom 25. Oktober 1415, den Sieg der Engländer über das französische Ritterheer im Hundertjährigen Krieg. Der Begriff „Cockpit" galt ab dem frühen 18. Jahrhundert auch für Schiffskajüten tief im Rumpf, später für den Ruderstand. Seit dem Ersten Weltkrieg verbindet man „Cockpit" mit der Flugzeug-Führerkanzel. Besitzer schneller Autos reden auch von „Cockpits"; die Flieger drücken ein Auge zu.

Flugzeuge hatten früher Rundinstrumente, T-förmig um einen künstlichen Horizont angeordnet. Die ersten Digital-Cockpits kopierten einfach die alten Anzeigen, indem man anstelle einiger „Uhren" Schirme ins Instrumentenbrett schraubte. Moderne Flat Screens arbeiten ähnlich wie unsere PCs. Es gibt Gelände- und Radarkarten und diverse Darstellungen von Flugzeugsystemen. Sind alle Türen zu, die Notrutschen aktiviert? Ein Blick auf den Schirm genügt.

Die Cockpit-Grundausstattung blieb über Jahrzehnte gleich; erst Mitte der 1980er-Jahre gelang der Sprung in die Digitaltechnik – da

Bevor es den künstlichen Horizont gab, war der Wendezeiger (Turn and Slip Indicator) mit der darunter liegenden Libelle eine gute Hilfe – und ist heute noch in Kleinflugzeugen zu finden

VOM „UHRENLADEN" ZUM DIGITAL-COCKPIT

ADF: Automatic Direction Finding, ein (älteres) Empfangs- und Anzeigegerät für → NDB-Signale
CRT: Cathode Ray Tube, Kathodenstrahlröhre, Bildschirm
DME: Distance Measuring Equipment, Distanzanzeigegerät für die Funknavigation
EFIS: Electronic Flight Instruments, Bildschirme (→ PFD, ND)
EGPWS: Enhanced Ground Proximity Warning System, Bodenannäherungs-Warngerät mit Geländedaten
Flight Director: Kommando-Anzeige für das → ILS, der Pilot kreuzt horizontale und vertikale Steuersymbole und bleibt damit stets auf dem korrekten Pfad
FMC/FMS: Flight Management Computer/System, Flugrechnersystem
IFR: Instrument Flight Rules, Instrumentenflugregeln, nach denen bei jedem Wetter geflogen wird
ILS: Instrument Landing System, Anflugsystem mit Gleitpfad und Landekurs
INS/IRS: Inertial Navigation System/Reference System, Trägheitsnavigationsgerät

LEGS: Streckenabschnitte, die auf der → (M)CDU gezeigt werden
LCD: Liquid Crystal Display, Flüssigkristall-Anzeige
(M)CDU: (Multi-Purpose) Control and Display Unit, Eingabe und Anzeige des → Flight Management Computers (FMC)
MFD: Multi-Function Display, Kombi-Anzeige für mehrere Daten (Triebwerke, Karte usw.)
ND: Navigation Display, Navigationsschirm
NDB: Non directional Beacon, ungerichtetes Mittelwellen-Funkfeuer
PAGE: CDU-Bildschirmseite
PFD: Primary Flight Display, Haupt-Bildschirm mit Fluglage, Geschwindigkeit und Höhe
RMP: Radio Management Panel: Radio-Bediengerät
RNAV: Area Navigation, direktes Fliegen abseits der Funkfeuer
TCAS: Traffic Alert and Collision Avoidance System, Zusammenstoß-Warngerät
VOR: VHF Omni Range, UKW-Navigationssystem, zeigt Standlinien und Abstand zu einem Funkfeuer

Mittelkonsole im Airbus A320. Schubhebel und Höhenruder-Trimmräder in der Mitte, seitlich Funk- und Navigationsbediengeräte

ARBEITSPLATZ COCKPIT

Das Cockpit eines Airbus A330-300

1. Sidestick
2. Bildschirmbedienung/Systemumschaltung
3. Lautstärke Lautsprecher
4. Ausziehtisch
5. Pedal für Seitenruder, Bugradlenkung, Bremse
6. PFD-Hauptschirm mit Horizont
7. ND-Navigationsschirm
8. Notinstrumente
9. Bedienung Auto Flight System, EFIS-Instrumente
10. Triebwerks- und Systemanzeigen, Notverfahren, Checklisten
11. Datenfunk-Bildschirm
12. Flugdatenrechner-Bedienfeld
13. Funk-Nav-Bedienung
14. Höhenflossen-Trimmung
15. Triebwerks-Hauptschalter
16. Schubhebel
17. Systemumschaltung und Anzeige
18. Fahrwerksanzeige
19. Fahrwerkhebel
20. Automatische Bremsanlage
21. Fahrwerks-Notbedienung
22. Warnleuchten
23. Beleuchtung/ Scheinwerfer
24. Klima, Enteisung, Kabinendruck
25. Bedienung Elektrik
26. Bedienung Kraftstoffsystem
27. Bedienung Hydrauliksystem
28. Feuerschutz Triebwerke
29. Trägheits-Navigationssystem
30. Feuerschutz APU-Hilfsturbine

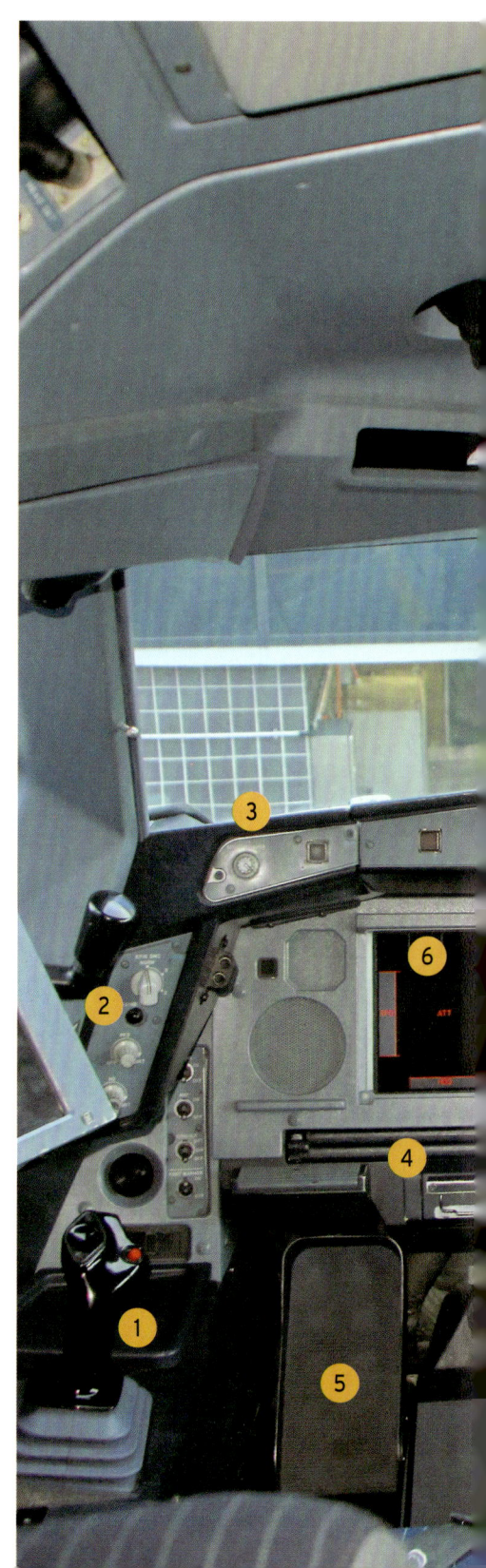

DAS COCKPIT EINES AIRBUS A330-300

Gestelltes Bild eines Bordfunkers in den 1940er-Jahren. Er wurde schon lange wegrationalisiert

waren seit der Mondlandung schon über fünfzehn Jahre vergangen, jedes Schulkind hatte einen Taschenrechner. Verkehrsflugzeuge konnten bereits automatisch bei Nebel landen, doch ihre Cockpits waren immer noch analog ausgerüstet. Das ist griechisch für „gemäß" und bedeutet, dass die Zeiger mit der Änderung von Druck und Temperatur, Spritmenge oder Drehzahl hin und her wandern.

Cockpits sind eine Herausforderung für Konstrukteure und Designer: Zwei Piloten sollen ein halbes Leben lang vor ihren Bildschirmen sitzen, ähnlich wie Fluglotsen oder Kernkraft-Ingenieure; der Job wechselt zwischen Routine und plötzlichem Stress. Für vieles gibt es hilfreiche Computer, um die mäßig entwickelten Sinnesorgane und den vom langen Sitzen trägen Kreislauf zu entlasten. Cockpit-Gestaltung ist schwierig und manchmal so aufwendig, dass Ingenieure über ihren Entwürfen in den Ruhestand gehen.

Die Grundaufgabe ist eigentlich simpel. Hebel, Pedale und Knöpfe sollen so auf vier Hände und Füße verteilt werden, dass einer der beiden Piloten jederzeit ausfallen darf. „Ich will an alles ran kommen, wenn der andere eine Fischvergiftung kriegt", heißt es auf die Frage, warum Cockpits immer „so eng" sein müssen. Das lässt sich lösen; etwas komplizierter ist schon die Anordnung des Zubehörs. Man braucht Platz für Handkoffer, Kaffeebecher und Laptops und Nachschlagewerke.

Canadair-Cockpit. Die Sichtscheibe vor dem Kapitän dient zur Landung bei Nebel, darauf werden alle Flugdaten eingespiegelt

VOM „UHRENLADEN" ZUM DIGITAL-COCKPIT

Nach dem Nachtflug gelandet. Der Pilot schaltet am Boden die externe Stromversorgung der A320 ein

Bildschirme und Karten sollen Tag und Nacht gut zu erkennen sein, die Monitore im Sonnenlicht nicht blenden, Leselampen dürfen wichtige Bereiche nicht im Dunkeln lassen.

Viele Umsteiger von älteren Flugzeugtypen sind vom elektronischen Lagebild und den integrierten Warnsystemen beeindruckt. Fast alles wird virtuell dargestellt, selbst die Zeiger der Borduhr sind nur noch Striche auf einem kleinen Flüssigkristall-Display. Anzeigen tauchen je nach Flugabschnitt auf und verschwinden wieder; Warnglocken bimmeln nicht mehr ununterbrochen, wenn ein Fehler auftaucht. Wie stellt man ein Stromversorgungs-Diagramm so auf dem Schirm dar, dass es blitzschnell interpretiert werden kann? Fragen, deren Lösungen unter Mitwirkung von Piloten entwickelt und später von Software-Entwicklern umgesetzt werden. Brauchte man früher Lötkolben und Schraubendreher für neue Anzeigen im Cockpit,

genügt jetzt ein Software-Update, um ein blaues Symbol grün zu machen oder neue Infos auf den Navigationsschirm zu laden.

Der Copilot einer Embraer 195 bedient den Autopiloten im Anflug auf Bremen

17

ARBEITSPLATZ COCKPIT

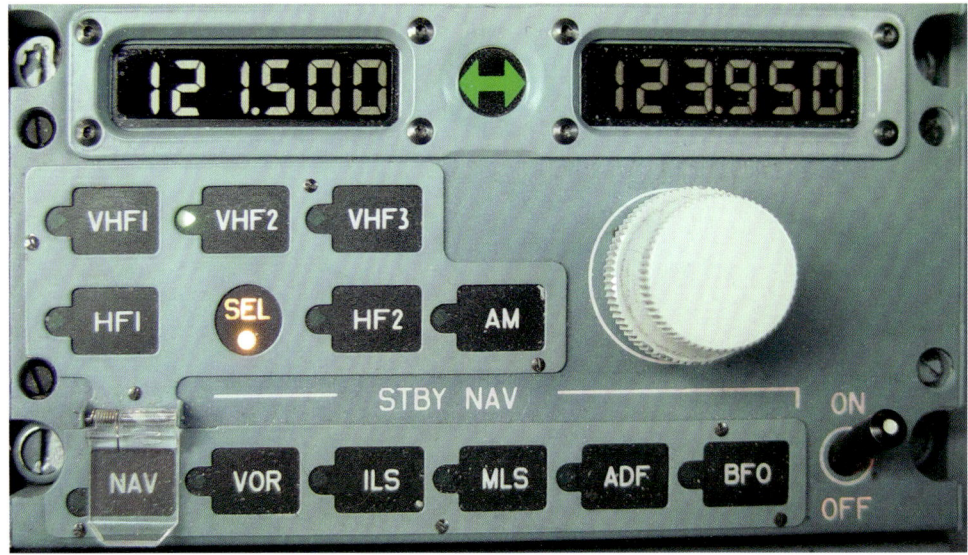

Radio Management Panel. Hier werden die Sendefrequenzen angewählt und aktiviert: links aktiv die Notfrequenz 121,5 Mhz

Am meisten veränderten sich Cockpits durch die Digitaltechnik mit all' den Bildschirmen, Rechnern und Bediengeräten. Die Schirme sind Kathodenstrahlröhren (*Cathode Ray Tubes* oder *CRTs*, wie beim Röhrenfernseher) oder Flüssigkristalldisplays. Zusammengefasst spricht man von *Electronic Flight Instruments (EFIS)* und *Multifunction*-Anzeigen, zum Beispiel für die Triebwerke.

Zwei solcher EFIS-Bildschirme, Stückpreis um 100.000 Euro, sitzen direkt vor den Nasen der Piloten: PFD (*Primary Flight Display*) und ND (*Navigation Display*). Das PFD zeigt Fluglage, Höhe, Geschwindigkeit, Kurs und Gleitpfad für die Landung. Auf dem ND wird der geplante Flugweg (*Flugplan-Track*) vor dem Flugzeugsymbol dargestellt, dazu kann

Ein Airbus A340 hat in München angedockt

Oben das Bedienfeld des Auto Flight Systems in der A320 – populär auch „Autopilot" genannt

man die Anzeigen von Funkfeuern schalten (den sogenannten VOR- oder NDB-Stationen), Flugplätzen, Computer-Wegpunkten, anderen Flugzeugen (über das Zusammenstoß-Warngerät TCAS siehe Kapitel 13). Auch das Wetterradar und Geländekonturen lassen sich einblenden, so haben Piloten alles im Blick.

Hauptvorteil der Bildschirmdarstellung ist der gute Überblick. Piloten müssen *Situational Awareness* besitzen, den richtigen Überblick über das haben, was in jeder Flugminute um sie herum passiert. Selbst ein „Blindflug" in der dicksten Suppe wirkt mit dem Glas-Cockpit sicherer als früher im „Uhrenladen" mit vielen einzelnen Anzeigen, weil auf den Schirmen virtuelle Landebahnen, andere Verkehrsteilnehmer und Geländeerhebungen in Echtzeit vorbeiziehen.

Weiter unten im vorderen Cockpit-Bereich sitzen die *Control and Display Units (CDUs)*, kleine Bildschirme mit Tastenfeldern. Dort wandern Zahlenkolonnen und Navigationspunkte im Flugverlauf von oben nach unten. CDUs sind Schnittstellen zum (mehrfach vorhandenen) Flugdatenrechner *Flight Management Computer* und damit zum Autopiloten, genauer: zum Auto Flight System, das aus vielen Komponenten besteht. Flugdatenrechner sind Zauberkästen; sie „wissen" so gut wie alles über das Flugzeug, bringen Masse, Geschwindigkeit und Flughöhe unter einen Hut. Die Crew kann per CDU-Knopfdruck Leistungsdaten abrufen und Streckendetails eingeben.

Digitaltechnik macht vieles einfacher und übersichtlicher. Flight Management Computer speichern und berechnen mühelos den gesamten Flug; man muss nicht mehr wie früher am Trägheitsnavigationsrechner nach zwölf Wegpunkten die nächsten Koordinaten von Hand eintippen. Bildschirme zeigen beim Einprogrammieren der Route, wo noch eine Luftstraßen-Lücke („*Discontinuity*") klafft.

Die Control and Display Unit, kurz CDU, im A340-Cockpit. Auf dem Bediengerät des Flugdatenrechners erscheint der Flugweg nach Chicago zur Landung auf der Piste 14 rechts: „KORD14R"

Bei Airbus ist alles genormt, auch das Overhead Panel über den Köpfen mit Bedienfeld für Klimaanlage, Druckkabine, Enteisung und Lichter

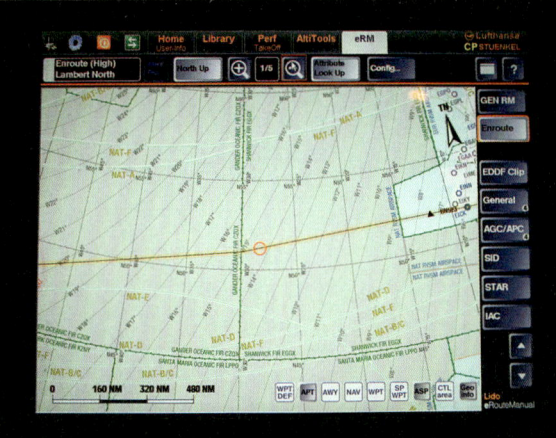

Elektronische Karte vom Nordatlantik. Das Flugzeug befindet sich etwas östlich von 30° West im Kontrollbereich von Shanwick in Irland

Moderner Steuerknüppel: Sidestick im Airbus-Cockpit. Er wurde vom Kampfflugzeug übernommen und weiterentwickelt

Spritverbrauch und maximale Flughöhe lassen sich in jeder Flugphase schnell hochrechnen. Kaum jemand wünscht sich den „Uhrenladen" älterer Flugzeuge zurück. Die digitalen Instrumente, Rechner und Eingabegeräte machen den Flug komfortabel.

Lange vor dem Anlassen der Motoren füttern die Piloten die Bordcomputer mit Flug- und Wetterdaten. Nach dem Eintippen entsteht auf Bildschirmen ein virtuelles Flugprofil. Die Crew kann den ganzen Trip vom Abflugort bis zum Ziel durchklicken und die Strecke überprüfen; so lassen sich schon vor dem Triebwerkstart alle Daten auf Glaubwürdigkeit abchecken. Anhand der aktuellen Startbahn- und Wetterbedingungen ermitteln die Piloten den erforderlichen Triebwerksschub und die Geschwindigkeiten für Startabbruch oder Weiterflug mit einem ausgefallenen Motor. Checks, die es schon immer gab – allerdings per Rechenscheibe und Tabelle.

Fly-by-Wire, Fliegen per Elektrodraht – so nennt sich die elektronische Steuerung von Flugzeugen. Die Steuerausschläge der Piloten gehen nicht mehr mechanisch über Seile zu Hydraulikanlagen, die die Ruder bewegen. In modernen Fliegern werden die Kommandos vom Steuerknüppel (Sidestick) zunächst von Computern verarbeitet, dann per Elektrokabel übertragen, bevor weiter hinten Hydraulik Ruder oder Spoiler bewegt. Herkömmliche Hydraulikanlagen sind groß und schwer, ihre Leitungen können leckschlagen, die Pumpen versagen. Elektro-hydraulische Systeme (EHS) übertragen die Steuerinformationen per Kabel über weite Strecken zu den vergleichsweise kleinen Hydrauliksystemen, die erst an den Ruderflächen angreifen, wo die Kraft gebraucht wird.

Steuerung und Darstellung der Logik sind in Fly-by-Wire-Flugzeugen digitalisiert, darum können auch elektronische Sicherheitspakete eingebaut werden. Solche Schutzvorrichtungen (*Protections*) haben zum Beispiel

VOM „UHRENLADEN" ZUM DIGITAL-COCKPIT

alle neueren Airbus-Flugzeuge. Im Notfall können Rechner ins Steuersystem und in die Schubregelung eingreifen, wenn das Flugzeug zu langsam, zu schnell, zu steil oder schräg geflogen wird. Im normalen Alltag arbeitet die rechnergestütze Steuerung sehr unauffällig und komfortabel; bei Schub- und Laständerung muss zum Beispiel das Höhenruder nicht mehr manuell nachgetrimmt werden.

So stehen heutige Cockpits gut da: Die Darstellung ist übersichtlicher als früher, man hat mehr Sicherheit durch Umschaltmöglichkeiten auf intakte Bildschirme. Wenn auch manch' altem Hasen der Uhrenladen fehlt: Im Stillen geben die meisten zu, dass „Glasfliegerei" einfach bequemer ist.

Links vom Kapitän: Sidestick-Steuerknüppel und daneben das Handrad der Bugradlenkung

Per Trimmrad wird automatisch oder manuell die Höhenflosse bewegt, um die Steuerkräfte auszugleichen

Einer für alle – alle für einen: First Officer Lorenz Kynast (links), Kapitän Rolf Stünkel (Mitte) und Senior First Officer Frank Ohrnberger vor dem Transatlantik-Flug von München nach Charlotte, North Carolina

Wer jahrzehntelang Passagiere und Fracht durch die Welt fliegen will, braucht viel Gelassenheit und vor allem Teamgeist. Viele Piloten empfinden den Umgang mit Menschen als besonders reizvoll an diesem Job, der schon wegen des Wetters nie zur Routine wird

Beruf: Linienpilot

BERUF: LINIENPILOT

Piloten tragen blaue Uniformen mit goldenen Streifen; viel mehr wissen Außenstehende nicht. Es hat sich herumgesprochen, dass Ohrstecker, Zahnplomben und Lesebrillen bei Luftfahrern erlaubt sind. Dürfen aber Piloten die gleichen Mahlzeiten essen? (Ja, sie dürfen). Ist der Copilot ein richtiger Pilot? (Klar, sonst käme er nicht ins Cockpit). Fliegen Linienpiloten feste Strecken, zum Beispiel Frankfurt–New York? (Das wäre total unwirtschaftlich). Manche mögen noch immer nicht glauben, dass Frauen große Verkehrsflugzeuge steuern. Kaum jemand weiß, dass Kapitän und Co. nur einen Flugzeugtyp im Schein haben, Stewardessen früher ledig bleiben mussten und Piloten keine Trauungen vornehmen können. (A propos: Piloten heiraten nicht nur Kabinen-Kolleginnen und werden auch nicht häufiger geschieden als Fußgänger.) Ist es nicht komisch, dass manche Flugzeuge weiblich sind („die Boeing 737"), andere männlich („der Airbus A340")? Dass ein Pilot auf der Langstrecke gegenüber einem auf der Kurzstrecke keine „Zulage" bekommt?

Der Beruf des Linienpiloten ist etwa hundert Jahre alt, wie die Motorfliegerei selbst. Von den ersten Hüpfern der Gebrüder Wright (1903) in Kitty Hawk über das erste Ganzmetall-Verkehrsflugzeug der Welt, die Junkers F13 (1919), bis zum Glas-Cockpit eines Linienjets scheint der Weg unendlich weit. Doch seit der Mensch von A nach B fliegt, haben Piloten immer denselben Auftrag: Sie sollen die Fracht sicher, pünktlich und komfortabel ans Ziel bringen. Diese drei Forderungen finden sich in den Vorschriften aller Fluggesellschaften wieder. Piloten lernen, wie man sie im Team meistert; oberste Priorität hat dabei stets die Sicherheit.

Mitten im Airline-Konkurrenzkampf, bei steigenden Spritpreisen und schwankenden Passagierzahlen erhofft der Fluggast ein Schnäppchen zu ergattern, das sich auch noch positiv aus der Masse der Angebote hervorhebt. Flugsicherheit aber ist das Ergebnis solider Planung und harter Arbeit vieler Menschen; Linienflüge sollen eine reproduzierbare Transportleistung sein. Am Ende des Tages bleibt den Piloten nichts als eine Tüte voller Dokumente und Computerdaten für die Statistik; auch die Bodenmitarbeiter denken längst an den nächsten Flug. Jeder noch so ferne Trip ist ein vergängliches Produkt wie ein Kinobesuch. Fast könnte man vergessen, dass der kleinste Arbeitsfehler, verkettet mit anderen widrigen Umständen, Menschenleben kosten kann.

Wer einen der begehrten Cockpit-Arbeitsplätze ergattern will, braucht kein herausragendes Abitur. Der Gesetzgeber fordert nicht

---

Was sollte ein Airline-Bewerber mitbringen?

„Draufgänger, Einzelkämpfer? Nein danke! Die eigenen Fähigkeiten realistisch einschätzen zu können und auf der Basis erlernter Fähigkeiten und Fertigkeiten eine optimale Teamleistung zu erreichen – das sind Eigenschaften, die in einem modernen Verkehrsflugzeug-Cockpit gesucht werden."

Flugkapitän Jürgen Kamps, Ausbildungsleiter, Lufthansa Flight Training GmbH, Bremen

Anflug auf den Flughafen Tel Aviv Ben Gurion. Das Flugzeug nähert sich vom Meer und fliegt eine Kurve zurück zum Platz

einmal die Hochschulreife, dafür einen Nachweis englischer, mathematischer und physikalischer Kenntnisse – weshalb Airlines das Abitur wünschen. Die Einstellungsuntersuchungen bei der DLR, dem Deutschen Zentrum für Luft- und Raumfahrt, sind anspruchsvoll; nicht einmal zehn Prozent der Lufthansa-Bewerber schaffen die Hürde. Der Test mit Berufsgrunduntersuchung und Feststellung der Firmeneignung dauert mehrere Tage. Die Bewerber sollen Allgemeinwissen und Englischkenntnisse beweisen, teamfähig, belastbar und ausgeglichen sein. Sie müssen sehr gut sehen, hören und räumlich denken können, dazu Reflexe zeigen wie ein Sportler. Psychomotorische Fähigkeiten und Belastbarkeit werden am Bewerber besonders eingehend getestet, damit er auch Jahrzehnte später einen Startabbruch ebenso sicher meistert wie ein plötzliches Notausweichmanöver.

Die Kandidaten durchlaufen Theorieprüfungen, Gruppenübungen und Einzeltests am Computer und im Flugsimulator. Sie steuern ihr „Flugzeug" durch vorgegebene Manöver,

Statistik der vom Luftfahrt-Bundesamt erteilten Lizenzen für Verkehrsflugzeugführer (ATPL)

2003	2004	2005	2006	2007	2008	2009	2010	2011
7.698	8.534	8.979	8.962	9.108	9.372	9.347	9.516	9.894
davon Frauen:					348	358	369	405

Quelle: Luftfahrt-Bundesamt, Stand 1. März 2011; der Frauen-Anteil wird seit 2008 gesondert ermittelt

Gute Berufsaussichten: die Skyline von New York beim Anflug auf den Nachbarflughafen Newark EWR, Piste 22 links

während sie Rechenaufgaben und Funksprüche bearbeiten. Nach Theorie und Praxis hat die Prüfungskommission das letzte Wort, in der neben Psychologen auch Kapitäne der Fluggesellschaft sitzen. Das Gremium versucht dem Ego des Bewerbers auf die Spur zu kommen. Wird dieser junge Mensch in einem Umfeld arbeiten können, das von Teamarbeit und festen Regeln lebt? Einzelkämpfer und Draufgänger haben kaum Chancen, allzu weiche Charaktere allerdings auch nicht. Schon für junge Copiloten ist eine gewisse Hartnäckigkeit gegenüber dem Kapitän angezeigt, um in Entscheidungssituationen nicht aus purer Schüchternheit Denkfehler des Chefs „abzunicken". Ellenbogen und Ego können in gewissen Situationen von Vorteil sein, haben allerdings auf die spätere Laufbahn keinen Einfluss. Während des gesamten Berufslebens besetzen Piloten einen Listenplatz auf der Dienstalterstabelle (Senioritätsliste) und können den „Vordermann" niemals überholen. Jeder muss mit der Bewerbung auf ein größeres Flugzeug oder zum Kapitänstraining warten, bis er an der Reihe ist.

Die Auswahl funktioniert. Die meisten Piloten sind nicht so leicht aus der Ruhe zu bringen. Gelassen absolvieren sie Flug um Flug mit anderen Kollegen, die sie nie zuvor gesehen haben und vielleicht erst nach Jahren wiedertreffen werden. Verkehrspiloten müssen ruhig und bedächtig bleiben, ohne dabei wie geklont vor sich hin zu arbeiten. Erfreulich wenige Kollegen haben unangenehme Allüren – bis auf jene drei Prozent „Ausreißer", die es in jeder Firma gibt. Selbstdarsteller, Choleriker, Ma-

Roland Sommer, Flugkapitän Airbus A330/340

chos und Faulpelze haben es in der Luftfahrt schwer. Die Flieger-Gemeinde ist klein, und bekanntlich trifft man sich im Leben mindestens zweimal.

Die Pilotenlaufbahn

Die deutsche Lufthansa bildet ihre Verkehrsflugzeugführer über die Multi Crew Pilot License (MPL) aus. Dieser Ausbildungsgang wurde über die ICAO und die Joint Aviation Authorities, JAA (die europäische Luftfahrtbehörde, heute: EASA), in die deutsche Luftfahrtgesetzgebung übertragen und umfasst etwa 26 Monate. Das beinhaltet zurzeit über 1.000 Theoriestunden, mehr als 300 Stunden auf unterschiedlichen Ausbildungsflugzeugen und Trainingsgeräten und zahlreiche Prüfungen. Flugschüler beginnen auf kleinen einmotorigen Flugzeugen, nachdem sie über ein Dutzend Fächer gebüffelt und die einheitliche Theorieprüfung beim Luftfahrt-Bundesamt (LBA) in Braunschweig abgelegt haben. Nach der Schulung auf Flugübungsgerät (Flight Navigation Procedure Trainer, FNPT) und einem leichten Jet geht es ins Simulatortraining für die Musterberechtigung auf einem Verkehrsflugzeug. Teile der Ausbildung finden, auch aus Wettergründen, im Ausland statt; die Lufthansa-Flight-Training-Fliegerschule besitzt seit Jahrzehnten eine Zweigstelle bei Phoenix/Arizona.

Nach bestandener Ausbildung und mehrmonatiger Zeit als Copilot unter Aufsicht (Second Officer) erfolgt meist die Festanstellung bei einer Fluggesellschaft. Man beginnt als Erster Offizier (First Officer, FO) mit drei goldenen Streifen an der Jacke. Trotz der noch geringen Berufserfahrung wird dem neuen FO (vielleicht einer jungen Dame von gerade 22 Jahren) schon ein 70-Tonnen-Verkehrsflugzeug anvertraut, dazu die Rolle als Kapitäns-

Rangabzeichen aus der Seefahrt

Das Wort „Pilot" (französisch: pilote, italienisch: pilota) entwickelte sich aus dem griechischen *pedón*, ursprünglich *pedotta* (Steuermann). Pilotenuniformen, Lichterführung, Backbord und Steuerbord, Überholregeln und nautische Ausdrücke stammen aus der Seefahrt. Genau wie dort hat der Kapitän vier Streifen, der Erste Offizier drei, der Zweite zwei.

Im Zweimann-Cockpit findet man meist nur noch „Vier- und Dreistreifer". Der SFO (Senior First Officer) vertritt den Kapitän im Reiseflug während dessen Ruhepause auf extremen Langstrecken und trägt einen breiten und zwei schmale Streifen an der Jacke.

Copilot Ferry Olheide beim Flug von Hand am Steuer des Airbus A340

Stellvertreter und in dieser Funktion auch Vorgesetzter der Kabinenbesatzung.

Die Arbeit als FO wird mit den Jahren Routine, während die Strecken und Muster wechseln. Große Fluggesellschaften bieten die Möglichkeit, als Copilot auf ein Langstreckenflugzeug zu gehen und dort nach einer Weile Senior Copilot (Senior First Officer, SFO) zu

Air Transport Pilot License, ATPL

Die **Lizenz für Verkehrsflugzeugführer (Air Transport Pilot License, ATPL)** wurde in Deutschland bislang nach der deutschen Übersetzung der Bestimmungen des Zusammenschlusses europäischer Luftfahrtbehörden (Joint Aviation Authorities, JAA) vom Luftfahrt-Bundesamt in Braunschweig ausgestellt. Details werden derzeit in den Anforderungen (Joint Aviation Requirements/JAR) für die Erteilung von Fluglizenzen (Flight Crew Licensing, FCL – deutsch) geregelt, künftig durch die neue europäische Luftfahrt-Behörde EASA (European Aviation Safety Agency) in Köln. Zur Erteilung sind unter anderem erforderlich:

- 1.500 Stunden Flugerfahrung, davon 500 Stunden auf Verkehrsflugzeugen,
- Instrumenten- und Nachtflug,
- Prüfung in den Fächern Luftrecht, Allg. Luftfahrzeugkenntnisse/Technik, Flugleistung und Flugplanung, Menschliches Leistungsvermögen, Navigation, Meteorologie, Betriebliche Verfahren, Aerodynamik, Sprechfunkverkehr.

Mit bestandener theoretischer Prüfung, aber ohne die geforderte Flugerfahrung, wird eine Lizenz für Berufsflugzeugführer (Commercial Pilot License, CPL) als „Frozen ATPL" ausgestellt; mit dieser Lizenz ist das Führen von Verkehrsflugzeugen als Copilot erlaubt. Die Musterberechtigung (type rating) für den Flugzeugtyp gilt nur zwölf Monate. Sie muss im gewerblichen Einsatz durch zwei Simulator-Checks (jährlicher Prüfungsflug und Operator Proficiency Check) sowie einen Linienflug unter Aufsicht (Line Check) erneuert werden.

---

werden. Ein SFO nimmt als drittes Cockpit-Crew-Mitglied während des Reisefluges auf dem Sitz des Kapitäns Platz, während der eine Ruhepause macht; der andere Copilot bleibt rechts sitzen. Gewechselt wird nach Schichtplan, bei Start und Landung sind alle drei Piloten vorn. Diese „verstärkte Besatzung" bietet die Möglichkeit, die gesetzlich mögliche Flugdienstzeit zu strecken und weiter entfernte Ziele ohne Zwischenlandung anzufliegen.

Nach durchschnittlich zehn Jahren ist der Copilot von seiner Seniorität her „dran" zum Kapitän und kann sich für das entsprechende Training bewerben. Nach einer etwa sechsmonatigen Schulung mit Theorie, Simulator und Flugpraxis erhält der frischgebackene „Chef" den ersehnten vierten Ärmelstreifen. Es ist wohl das Ziel jedes Copiloten, einmal den ersehnten linken Sitz zu ergattern. Die Beförderung heißt im Branchen-Deutsch *Upgrade* (wir kennen das auch vom Heischen um bessere Hotelzimmer oder Mietwagen) oder salbungsvoll „Kapitänswerdung" – ein Begriff, der der bedeutenden Metamorphose vom zweiten Piloten zur Führungskraft angemessen scheint.

Der neue Kapitän ist sich seiner Würde bewusst. Er darf sie bis zum nächsten Simulator-Check auskosten, wo ihm auch in der neuen Funktion auf den Zahn gefühlt wird wie all die Jahre zuvor als Copilot. Beim vierten Streifen muss nicht Schluss sein: Geeignete Bewerber können Ausbilder werden, sogenannte Check- und Trainingskapitäne. Das bringt interessante Aufgaben und Zusatzfunktionen mit sich, hohes Ansehen und eine Zulage, allerdings auch zahlreiche Schichten im finsteren Simulator.

Das gesetzliche Höchstalter für Linienpiloten liegt derzeit bei 65 Jahren; einige Airlines bieten ihren Mitarbeitern eine Vorruhestandsregelung. Voraussetzung für längere Lebensarbeitszeit ist die strikte Überwachung von Fitness und Qualifikation. Piloten bis 60 gehen jährlich zur medizinischen Untersuchung, danach halbjährlich. Sie absolvieren vier Simulatorflüge pro Jahr, davon zwei mit bestimmten Trainingsschwerpunkten (sogenannten Re-

DIE PILOTENLAUFBAHN

Senior Copilot (heute Flugkapitän) Stephen Keller bereitet sich auf eine Passagieransage zur Flugstrecke vor

fresher) und zwei behördlich vorgeschriebene Lizenz-Checks. Dazu kommen noch einmal jährlich eine Überprüfung auf einem Routineflug plus diverse Fortbildungen und Notfallübungen in einer Kabinen-Attrappe.

George Orwell beschrieb in „1984" eine total überwachte Welt. Seine Visionen wurden auch für Piloten wahr: Zuverlässigkeits-Fragebögen, digital gespeicherte berufliche und persönliche Daten und Routine-Checks sollen Professionalität und soliden Lebenswandel gewährleisten. Piloten sind aber auch im Cockpit von Lauschmikrofonen und Datenspeichern umgeben, die jeden Seufzer und Handgriff dokumentieren. Manche Handlungen werden, sofern nicht elektronisch speicherbar, schriftlich festgehalten und zur späteren Kontrolle (etwa zur Unfalluntersuchung) eingelagert. Selbst in seiner Freizeit muss sich der Pilot brav benehmen: Schon ein paar Autofahrer-Punkte in Flensburg können den Job kosten, Datenaustausch zwischen den beteiligten Behörden macht's möglich. Die meisten Piloten akzeptieren die besondere Situation, denn bei den meisten Überprüfungen handelt es sich um reine Routine. Fast jeden nerven hingegen die ständigen Sicherheitskontrollen vor dem Flug. Sie unterstellen, dass alle übrigen Maßnahmen nicht ausreichen: Auswahl und Lizen-

zierung des Personals, Zutrittsregelungen zum Flugbetriebsbereich, Ausweise mit Foto und Datenchip, Uniformen, Flugdokumente, das geschlossene Erscheinen der Flugzeug-Crew, und so weiter. Ein Langstreckenkapitän bringt es auf den Punkt: „Da hast du zwischen Los Angeles und Frankfurt inklusive der Vorarbeiten und Kontrollen zwölf Stunden lang nichts falsch gemacht und musst nach der Landung in Deutschland, vor dem Weiterflug zum Heimatort, als ‚Passagier in Uniform', noch einmal die komplette Sicherheitskontrolle durchlaufen – eine Zumutung." Schon die Bezeichnung der teils weiten Passagierwege klingt diskriminierend: „Unclean/Non-Schengen" – Passagiere und Crews, die aus dem entfernteren Ausland (außerhalb des Gültigkeitsbereichs des sogenannten Schengener Abkommens) ankommen, gelten als „unsauber" und müssen durch erneute Kontrollen „gereinigt" werden. Eine Prozedur, die den Flugzeugbesatzungen am eigenen Heimathafen mehrmals monatlich blüht, sofern sie wie Passagiere weiterreisen möchten.

Voraussetzungen für die Ausbildung zum Verkehrspiloten

- **Fliegerärztliche Tauglichkeit Klasse 1**
- **Nachweis von Kenntnissen** in den Fächern Mathematik, Physik und Englisch (durch einen Test bei einem Sachverständigen oder entsprechenden Schulabschluss).
- **Zuverlässigkeitsprüfung** (Behördenführungszeugnis, Auszug aus dem Verkehrszentralregister in Flensburg und eine Erklärung über nicht schwebende Strafverfahren)

Cessna Citation CJ1+ der Lufthansa-Fliegerschule in Bremen, auf dem linken Sitz Fluglehrer Oliver Rosenbauer. Der Jet hat eine Höchstgeschwindigkeit von 720 Stundenkilometern, eine Reichweite von 2.402 Kilometern und bietet ein Airliner-ähnliches Cockpit

Lebenslanges Lernen – das kommt auf jeden zu, der den Beruf eines Verkehrsflugzeugführers ergreift. Ob Flugschüler oder Langstreckenkapitän, jeder muss sich fachlich fit halten, um den steigenden Anforderungen im High-Tech-Umfeld gerecht zu werden

Training

TRAINING

Mit der Auswahl begint das lebenslange Lernen – diesen Satz aus einer Piloten-Infobroschüre hatte Marcus Tanneberger im Ohr, als er sich mitten im Abitur zum Lufthansa-Test anmeldete; der Schädel war gerade auf Drehzahl, er schaffte die Prüfungen. Seither war er fast ununterbrochen in Ausbildung. Der junge Mann, heute ein Copilot auf Airbus A320, träumte bereits als Schüler von einem Job im Cockpit, gleichzeitig auch einer Karriere als Berufsmusiker. Tanneberger hatte schon seit seinem neunten Lebensjahr an der Hochschule Violine studiert und gibt heute Konzerte in München, Berlin oder Montreal. „Ich möchte im Hauptberuf Pilot sein und Musiker bleiben", sagt sich der talentierte Mann. Ähnliche Sätze hat der Bremer Ausbildungskapitän Rüdiger Kahl schon oft gehört. „Unter den angehenden Piloten sind Ärzte, Bauingenieure, Lehrer oder Juristen", zählt er auf. „Unser Beruf scheint Anziehungskraft zu haben."

Flugschüler werden nach der Auswahluntersuchung in Lehrgänge eingeteilt. Bei einer größeren Airline hält so ein Klassenverband bis zur Rente; gemeinsam werden die Piloten älter, grauhaariger und – entsprechend der Firmen-

Blick ins Cockpit einer Boeing 737-800. Piloten werden trainiert, viele Infos aufzunehmen und zu verarbeiten

Senioritätsliste – irgendwann Kapitän auf kleinen und großen Flugzeugen.

Kleinere Airlines rekrutieren ihren Nachwuchs meist vom freien Markt. Neben jungen Flugschul-Absolventen mit Lizenz und Mindeststunden kommen auch *Ready Entry Pilots* (Piloten mit Lizenz und Flugerfahrung, zum Beispiel vom Militär) als Quereinsteiger zur Airline. Die Altersspanne ist groß: Bewerber ohne Flugerfahrung sollen bei der Lufthansa zurzeit zwischen 17 und 28 Jahren alt sein, Ready Entries unterliegen derzeit keiner Höchstaltersgrenze. Manche Airlines stellen auch Piloten um 40 Jahre ein, wenn entsprechend Erfahrung vorhanden ist.

Marcus Tanneberger begann seine Laufbahn wie fast alle Piloten mit dem anspruchsvollen Einstellungstest in Hamburg. Da war zunächst die Berufsgrunduntersuchung (BU), bei der es um Mathe, Physik und Englisch, logisches Denken und Konzentrationsvermögen ging. „Wir wurden auf Wahrnehmungsgeschwindigkeit und Orientierungsvermögen getestet", erinnert sich Tanneberger. „An Bildschirmen überprüfte man Koordination und Mehrfacharbeit."

Auf diese erste Hürde folgt die Firmenqualifikation (FQ), wo es ans „Eingemachte" geht: Wie steht es um die Persönlichkeit des Kandidaten, verfügt er über gute psychomotorische Fähigkeiten? „Wir saßen in einem einfachen Simulator", erzählt Marcus Tanneberger. „Dort kam allerdings kein Fluggefühl auf, man musste sich zu sehr auf Nebenaufgaben konzentrieren." In mehreren Gesprächen und Übungen wird der Bewerber auf Kooperationsverhalten, Selbstreflexion und Belastbarkeit abgeklopft; später soll er im Job Zuverlässigkeit und Disziplin, Engagement und Motivation zeigen – Eigenschaften, die er schon als junger Bewerber mitbringen muss.

Marcus Tanneberger schaffte alle Hürden und auch die medizinische Untersuchung. Nun war der Weg frei für die Flugschule in Bremen, Marcus war glücklich und stolz. „Für uns begann die Büffelei", erinnert er sich. „Auf dem Stundenplan standen Fächer wie Navigation, Meteorologie, Elektrotechnik, Flugsicherung, Aerodynamik und das aktuelle Gebiet *Human Performance* (menschliches Leistungsvermögen); dann kamen interne Prüfungen als Vorbereitung auf die drei Testtage beim Luftfahrt-Bundesamt. Damit hatten die meisten von uns die theoretische Prüfung der Airline Transport Pilot Licence (ATPL) bestanden."

Vom Konzertsaal ins Cockpit

Marcus Tanneberger, First Officer Airbus A320

„Wo man früher fünf Leute im Cockpit hatte, sind jetzt zwei."

Marcus Tanneberger begann mit neun Jahren ein Studium im Fach Geige an der Münchner Musikhochschule. Die Familie zog von Berlin in die Einflugschneise des Franz-Josef-Strauß-Flughafens; ein Ortswechsel, der Marcus' weiteren Lebensweg bestimmen sollte. Er begeisterte sich für die Fliegerei, machte am Heimsimulator lange „Flüge" und löcherte auf Konzertreisen die Piloten mit Fachfragen. Inzwischen ist der junge Musiker längst Copilot und Familienvater. Er fliegt den Kurz- und Mittelstrecken-Airbus A320.

Nun ging es in die USA, ins heiße Goodyear bei Phoenix/Arizona. Tanneberger machte nach der vielen Theorie endlich erste Flugerfahrungen mit einem amerikanischen Fluglehrer auf der einmotorigen Beech Bonanza F33. „Bis zu 40 Grad im Schatten, das war schon etwas Besonderes", lacht er. Der erste Alleinflug nach ein paar Wochen ließ alle Strapazen vergessen.

Auf den ersten Flugabschnitt in den USA folgte eine Ausbildung an der Fliegerschule in Bremen. Tanneberger flog die zweimotorige Piper Cheyenne, ein leichtes Turboprop-Geschäftsflugzeug. „Man trainiert alle Notverfahren im Simulator und macht dann im „ech-

Die Flugschüler Max Benkenstein und Julian Krönert vor einer Trainin Mission im Simulator

ten" Flieger Trips zu verschiedenen Flughäfen, um Instrumentenanflüge zu üben", erklärt Marcus Tanneberger. Flugschüler und Lehrer sitzen wie im großen Airliner-Cockpit nebeneinander, die Teamarbeit verläuft nach den gleichen präzisen Regeln. „Das Multi Crew Concept legt genau fest, wer was anfasst oder wer zum Beispiel funkt", schildert Tanneberger. „Nach einem Check im Simulator erhält man die entsprechende MCC-Qualifikation und kann auf das endgültige Airline-Flugzeugmuster geschult werden."

Diese Musterberechtigung (Type Rating) ist ein entscheidender Schritt zum Job als Airline-Pilot, denn nur damit kann man anschließend auf die Linie gehen. Die Schulung findet bei größeren Airlines auf eigenen Simulatoren statt; man kann jedoch auch auf eigene Kosten sein Type-Rating an einem x-beliebigen Simulator-Zentrum erwerben.

Ein interessantes Phänomen beschreibt die US-Autorin Penelope Grenoble O'Malley in ihrem Buch *Takeoffs are optional, landings are mandatory* (Starts sind freigestellt, Landungen obligatorisch): Bei Beginn jeder Umschulung auf ein anderes Flugzeug werfen Piloten sofort den „Ballast" früherer Fachkenntnisse ab. Das

Type Rating

Eine Musterberechtigung (Type Rating) ist der „Führerschein" für ein Flugzeug oder eine Flugzeugfamilie, zum Beispiel die Airbus-Geschwister A 319, 320 und 321 oder die Langstrecken-Typen Airbus A340-300 (zwei Triebwerke) und A340-300 sowie A340-600 (vier Triebwerke). Auch Boeing 757 (Kurz- und Mittelstrecke) und 767 (Langstrecke) gelten als Familie.

Type-Rating-Kurse dauern mehrere Wochen bis Monate und beginnen mit Systemkunde am PC, bevor der Pilot im Simulator eingehend in die komplexe Technik und zahlreiche Notverfahren eingewiesen wird. Nach einer Prüfung wird das Type Rating ausgehändigt – zu diesem Zeitpunkt ist der Kandidat noch keine Minute mit seinem neuen Flugzeug in der Luft gewesen und kann doch dank fortgeschrittener Simulatortechnik direkt in die Linienausbildung mit Passagieren an Bord gehen. Das nennt man *Zero Flight Training*, eine Schulung ohne „echte" Flugzeit. Dieses Verfahren wird allerdings nur bei fortgeschrittenen Piloten ab ihrer zweiten Umschulung durchgeführt, die jüngeren trainieren auf einem entlegenen Flugplatz Platzrunden und Landungen im leeren Flieger.

Hirn geht in den „Dump Mode" (Abwurf-Modus), Fakten und Zahlen des alten Flugzeugs werden von denen des neuen verdrängt. Verkehrspiloten haben aus Sicherheitsgründen nur ein Flugzeugmuster oder eine Flugzeugfamilie in ihrer Lizenz. Den „abgelegten" Typ dürften sie erst nach kompletter Neuschulung wieder fliegen.

Buchtipp

Penelope Grenoble O'Malley: Takeoffs are optional, landings are mandatory. Iowa State Press, 1993, ISBN-10: 0-8138-2414-1

Line Training: das fliegende Klassenzimmer

Nach Type Rating, Simulator-Check, Notfalltraining in der Kabinen-Attrappe und Landetraining darf sich der angehende Linienpilot schon wie ein Profi fühlen, denn er hat ja eine Lizenz mit dem richtigen Eintrag drin. Nun folgt allerdings die Praxis an Bord, bestehend aus vielen Wochen Linienausbildung mit einem Ausbildungskapitän. Der Neuling arbeitet einen langen Aufgabenkatalog ab, von den verschiedenen Anflugverfahren über Schlechtwetterbetrieb mit Enteisung bis hin zu Passagierproblemen. Im Fokus stehen auch Landungen bei Nacht und Nebel, Seitenwind und

Im Airbus-Flugsimulator kommt nach wenigen Minuten realistisches Fluggefühl auf. Gerade die Sichtsysteme sind in den letzten Jahren entscheidend fortentwickelt worden

Training im Simulator-Cockpit einer Boeing 737-300. Kapitän und Copilotin sind konzentriert bei der Arbeit, als säßen sie im

nasser Bahn. Ein altes Sprichwort lautet: Nur wer landen kann, kann auch fliegen. Da sich die verschiedenen Typen einer Flugzeugfamilie durch Gewicht und Schwerpunktlage oft deutlich voneinander unterscheiden, ist bei den Anflügen Wachsamkeit angesagt: Wie schnell mag das jeweilige Triebwerk beim Durchstarten wieder hochdrehen, wie verhält sich das Muster auf den letzten Metern vor dem Aufsetzen?

Copiloten führen einen Teil der Bordbücher, überprüfen nach Checklisten die Systeme und vertreten den Kapitän schon am Boden, während der den vorgeschriebenen Rundgang ums Flugzeug macht. Ein Haufen Nebenaufgaben zusätzlich zur reinen Fliegerei, die sich von Firma zu Firma leicht unterscheiden und innerhalb eines Flugbetriebes nach festen Regeln durchgeführt werden. Das erfordert einen gewissen Drill und viel Übung.

DAS FLIEGENDE KLASSENZIMMER

Pilot und Ausbilder

Rüdiger Kahl,
Check-Kapitän
Airbus A320

Als Student der Luft- und Raumfahrt merkte der gebürtige Hamburger, dass er „näher an die Flugzeuge ran wollte". Konsequenterweise bewarb er sich bei Lufthansa und ist heute, nach vielen Jahren als Copilot auf der Kurz- und Langstrecke, Flugkapitän und Ausbilder auf dem Mittelstrecken-Airbus A320.

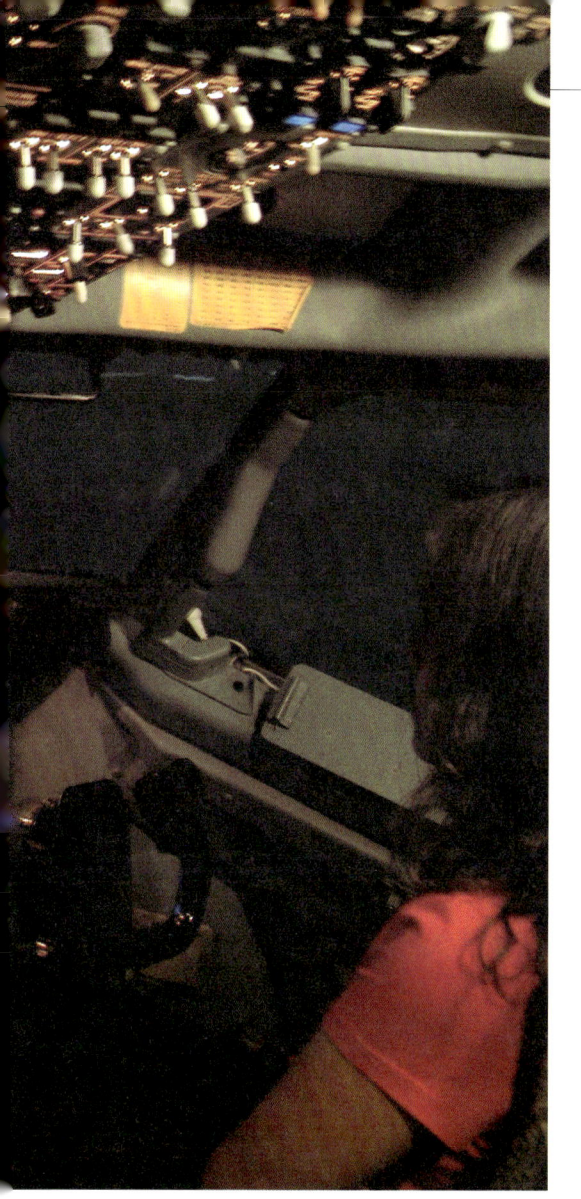

echten Flieger

Auch das Line Training schließt mit einem Check ab, und nun – endlich! – darf der Copilot sich als vollwertig ausgebildeter Mitarbeiter betrachten. Ein tolles Gefühl, ohne ständige Beurteilungen und Prüfungen mit „normalen Linienkapitänen" die Alltagspläne abzufliegen.

Es folgen schöne Monate voll Spaß und Euphorie, bis der erste Simulator-Check nach Checkout den Novizen wieder auf seine normale Körpergröße zurechtstutzt und ihm zeigt:

Es schadet nichts, auch nach der Ausbildung weiter regelmäßig in die Bücher zu gucken.

Rüdiger Kahl, Vater zweier kleiner Kinder und wohnhaft in Bremen, ist Check-Kapitän der Lufthansa. Diese Zusatztätigkeit zum normalen Linienalltag reizt den Airbus-Piloten auch noch nach Jahren. „Zu meinen Aufgaben gehören das Simulator-, Lande- und Linientraining für die neuen Kollegen auf einem Muster", erklärt Kahl. „Dazu das Auffrischungstraining und die halbjährlichen Simulator-Checks für die alten Hasen. Dann gibt es die sogenannten Line Checks, bei denen jedes Besatzungsmitglied einmal jährlich auf einem Linienflug seine Kompetenz demonstrieren soll." Rüdiger Kahl ist überzeugt, dass die Ausbildung sich nicht auf reines „Griffekloppen" beschränken darf, also den Drill von Notverfahren und Alltagsprozeduren: „Wir schulen Teamarbeit, Kritikfähigkeit, Disziplin, Konzepte zur Entscheidungsfindung und Führungs-

TRAINING

Check-Kapitän Rüdiger Kahl kann an der Simulatorkonsole alle erdenklichen Fehler eingeben und damit die Piloten ins Schwitzen bringen

verhalten." Ausbilder müssen heute auch diese nichttechnischen *Soft Skills* vermitteln. Sie behandeln dabei gelegentlich Fragen der Firmenphilosophie: Welche Ansprüche stellt der Pilot an sich selbst, welche die Firma an ihn? „Ausbilder haben das gleiche Ziel wie die Schüler", stellt Kahl fest. „Die bestmögliche Vorbereitung auf den Linienbetrieb, abgeschlossen mit einem Check." Pilotenausbildung ist Erwachsenenausbildung, Flugschüler sind zumeist hochmotiviert. Wenn es mal hakt oder der Schüler einen längeren Tiefpunkt zeigt, sind zusätzliche Trainingseinheiten im Lehrplan (Syllabus) möglich, sofern Aussicht auf Fortschritte besteht.

Lehrer sind nicht unfehlbar. „Der Ton macht die Musik", findet Rüdiger Kahl. „Man sollte sich vorstellen, wie man im eigenen Check behandelt werden möchte." Checks sind lizenzerhaltende Ereignisse, von der Behörde zwingend vorgeschrieben und wichtig für den Einzelnen.

„Die meisten haben Bauchgrummeln vor dem Simulator", ist sich Rüdiger Kahl bewusst. „Das vorausgehende Briefing dient darum auch der Beruhigung." Simulator-Ereignisse laufen immer ähnlich ab. „Zunächst wird das Check-Programm vorgestellt. In den folgenden vier Stunden zieht sich der Prüfer dann in die Beobachterrolle zurück und führt Protokoll über die gezeigten Leistungen." Kahl legt Wert darauf, dass Checker nicht durch voreilige Kommentare eine schlechte Stimmung aufkommen lassen. "Fehler passieren, das ist normal; die Crew fängt das als Team meist wieder auf. Die Kandidaten sollen es nicht unnötig schwer haben." Im Debriefing (der Nachbesprechung) wird bekannt gegeben und begründet, ob der Check bestanden ist oder nicht. "Jeder Prüfer trägt zwei Hüte", nennt Rüdiger Kahl eine Besonderheit. "Den der Luftfahrtbehörde und den der Fluggesellschaft." Die Behörde legt verbindliche Mindestbedingungen für die Lizenz-Checks fest, eine Fluggesellschaft kann zusätzliche Anforderungen an einen Piloten stellen. "Da kommt es in Ausnahmefällen vor, dass ein Check nach den behördlichen Anforderungen bestanden ist, der Kandidat aber noch firmenintern nachgeschult werden muss." Jeder Pilot, vom Anfänger bis zum Chefpiloten der Airline, muss jedes Jahr in den "Sim"; auch die Checker selbst sind regelmäßig dran. "Da kommt man auch mal ins Schwitzen", schmunzelt Rüdiger Kahl.

Auch das Fliegen nach Notinstrumenten muss beherrscht werden. Hier ein UKW-Funkpeiler VOR

Notrutsche an der Attrappe einer Boeing 747-400 im Lufthansa-Trainingscenter Frankfurt

Immer unter Strom: Die gelblich beleuchteten Notinstrumente (hier ein Airbus-Cockpit, oben links Fahrtmesser, daneben der Höhenmesser, darunter künstlicher Horizont und Funkpeiler) arbeiten per Batteriebetrieb unabhängig vom Hauptstromnetz

Wer durchs Wetter will, braucht technische Hilfe. Mit unseren Sinnesorganen sind wir nicht in der Lage, ohne Sicht nach draußen heil von A nach B zu fliegen – nicht einmal ein paar Sekunden horizontal in den Wolken. Gut, dass es den künstlichen Horizont gibt

Instrumentenflug

INSTRUMENTENFLUG

Es ist lange vor dem 11. September 2001, Passagiere dürfen noch gelegentlich einen Blick ins Jumbo-Cockpit werfen. „Sie tun ja gar nichts", mäkelt der Fluggast. Kapitän Reinhard Gottschlich, ein freundlicher Mann aus dem Oberharz, dreht leicht den Kopf. „Fliegen findet im Kopfe statt", brummt er dem Ahnungslosen zu. „Einem Manager am Schreibtisch sieht man auch nicht an, was er gerade denkt."

Zugegeben – Linienpiloten hocken die meiste Zeit nur herum. Im Reiseflug übernimmt der Autopilot die Steuerung, damit entfällt bis auf Start und Landung viel manuelle Arbeit. Kapitän und Copilot sind von der Außenwelt weitgehend abgeschirmt, sie gucken auf die Cockpit-Anzeigen wie Broker auf ihre Börsenkurse, allerdings ohne deren Hektik. „Aktive" Kopfhörer filtern den Umgebungslärm weg. Lüfter hüllen den Arbeitsplatz in ein monotones Rauschen – im Cockpit kann man schon am Boden nicht mehr hören, ob ein, zwei oder alle vier Triebwerke laufen. Wie gut, dass es Checklisten gibt.

Blick in das Cockpit eines Airbus A320. Wo früher runde Instrumente saßen, sieht man heute große Bildschirme

Cockpit der Junkers W33 BREMEN. Sie flog 1928 erstmals nonstop in Ost-West-Richtung über den Nordatlantik

Früher waren Piloten viel dichter am Geschehen; sie kämpften manchmal mit den Elementen. Hier ein Bericht aus der Zeit vor dem Ersten Weltkrieg:

„... schon fünfzehn Minuten später waren wir wieder in graue Nebelschichten eingehüllt ... fing der verdammte Motor an zu spucken und zu fauchen. Bald machte er dreihundert Touren zu wenig, bald zweihundert zu viel ... die Benzinuhr zeigte zehn Liter ... vor uns schimmerte, durch den Nebel matt beleuchtet, die Luftschiffhalle von Fuhlsbüttel. Mit dem letzten Liter Benzin machte ich noch eine Ehrenrunde, und nach steilem Gleitfluge setzte die Taube leicht und sicher auf." (Gunther Plüschow: Die Abenteuer des Fliegers von Tsingtau. Ullstein & Co., Berlin 1916)

Das klingt so entfernt, doch auch noch heute kann es bei unbeabsichtigem „Blindflug" in den Wolken ohne entsprechende Ausbildung und Ausrüstung schnell zu Orienterungsverlust kommen; jedes Jahr verunglücken Piloten. Die Evolution hat den Menschen nun einmal nicht zum Fliegen geschaffen, die Sinnesorgane gaukeln uns etwas vor. „Das innere Ohr ist ein guter Bewegungsmelder", erklärt ein Fliegerarzt. „Trotzdem können wir kein Bier aus dem Kühlschrank holen und mit geschlossenen Augen zum Sofa gehen, ohne leicht zu taumeln." Die Bogengänge des Ohrs sind mit Endolymphe gefüllt, einer Flüssigkeit, in der sich feine Sinneshärchen wie Schilf am Fluss bewegen. Jede Kopfbewegung lenkt die Härchen aus; die Signale gehen weiter zum Hirn, das daraus mit anderen Sinneseindrücken seine Lage im Raum feststellt. Dieses Lagebild kann allerdings täuschen: In langen Flugkurven kommt die Endolymphe mitsamt der Härchen zur Ruhe. Hat der Pilot keinen Horizont zur Orientierung, meldet das Hirn trotz der Kurve „Geradeausflug" – eine irritierende, möglicherweise fatale Fehleinschätzung. Ohne Außensicht bekommen Piloten nach kurzer Zeit ein Vertigo und geraten in unkontrollierbare Fluglagen. Man braucht Geräte, die unbestechlich anzeigen, was wirklich Sache ist – denn das Wetter spielt beim Fliegen oft nicht mit, die Piloten sind in der „Suppe".

Der deutsche Maschinenbauer und Ingenieur Maximilian Schuler (1882–1972) erfand den Wendezeiger, ein Kreiselinstrument, das noch heute in kleineren Flugzeugen arbeitet.

Vertigo

Vertigo (lateinisch für Schwindel) bezeichnet das unangenehme Phänomen, dass die Realität anders aussieht als vom Hirn vorausgesagt. Bahnfahrer sehen den Nachbarzug anrollen – oder ist es der eigene? Das Gefühl elektrisiert. Im Flugzeug ist der Vertigo-Effekt noch unangenehmer (zum Beispiel: eine gefühlte Schräglage nach Ausflug aus der Wolke), denn oft fehlen weitere Bezugspunkte wie Horizont und Merkmale am Boden; der Pilot kann nicht einfach anhalten und die Lage klären.

So ähnlich sahen alle Cockpits früher aus. Simulator der Cessna T-37 bei der Luftwaffe in Texas

Eine große Nadel schlägt wie ein Pendel nach links oder rechts aus, der Ausschlag zeigt die Drehrate. Eine Markierung entspricht drei Grad pro Sekunde, macht einen Vollkreis in zwei Minuten. Unter dem Wendezeiger sitzt traditionell die Kugellibelle, eine leicht gekrümmte Mini-Wasserwaage. Bewegt sich die Kugel aus der Mittellinie, sind (Flieh-)Kräfte im Spiel: Das Flugzeug „schmiert" oder „schiebt" unkoordi-

Anflug auf Hongkong (VHHH) auf dem Navigationsschirm

niert daher, was den Auftrieb verringert. Mit sanftem Tritt ins Seitenruderpedal wird der Ball in die Mitte zurückgebracht. „Wendezeige und Libelle mittig" mit den entsprechenden Anzeigen von Höhe und Fahrt signalisieren: Das Flugzeug fliegt sauber geradeaus.

Einfacher ist die Lage-Interpretation am künstlichen Horizont. Lawrence Sperry (1892–1923) erfand ein Instrument mit Horizontlinie und Flugzeugflügel. Auch dieses Gerät nutzt das Kreiselprinzip, nach dem eine rotierende Masse im Raum lagestabil bleibt. Der Pilot erkennt auf einen Blick, wie sich das Mini-Flugzeug zum Horizont verhält; er sieht dunkle „Erde" und hellblauen „Himmel" mit Markierungen für den Steig- und Sinkwinkel; am Instrumentenrand befindet sich die Kurvenflug-Gradeinteilung. Kreiselhorizonte wurden anfangs von Saug- oder Druckluftpumpen angetrieben, später elektrisch. Die Kreisel erreichen 15.000–20.000 Umdrehungen; heute erledigen Laser diesen Job, der Horizont ist eine Bildschirm-Darstellung.

Der künstliche Horizont war *der* entscheidende Fortschritt im Cockpit: Man sah auf einen Blick, wie steil oder flach das Flugzeug durch die Wolken flog, ob es kurvte oder nicht. Die ersten Instrumentenbretter hätten auch einer Lokomotive Ehre gemacht; oft sah es aus, als hätte man die „Uhren" mit der Schaufel hineingeworfen und an Ort und Stelle festgeschraubt. Uhren, Hebel, Knöpfe: Angehende Piloten mussten mit verbundenen Augen darauf zeigen können, denn in der „Suppe" war die rasche Interpretation von Kurs, Fahrt und Höhe lebenswichtig. Die wichtigsten Anzeigen wurden in T-Form angeordnet. Das Grundprinzip des Instrumentenfluges ist bis heute gleich geblieben: Die Augen wandern zwischen mehreren Instrumenten hin und her, das Hirn puzzelt daraus ein Bild der Fluglage. Ein klassischer Regelkreis, bei dem Sollwerte und Anzeigen miteinander verglichen, Steuerbewegungen an Knüppel und Seitenruder ausgeführt, Rückmeldungen über die Augen ans Hirn empfangen und Korrekturbewegungen durchgeführt werden. Dabei gibt es feste Eckdaten: Der Pilot eines Airbus A340-600 zieht das Flugzeugsymbol auf dem künstlichen Horizont zum Abheben 12,5 Grad hoch. Kurven werden auf allen Typen mit 25, maximal 30 Grad Schräglage („Bank") geflogen. Zu jeder Fluglage auf dem Horizont („Pitch") gehört ein passender Schub, angezeigt in Pro-

Navigationsschirm im Glas-Cockpit. In der Mitte unten erkennt man das gelbe Flugzeugsymbol, oben einen Ausschnitt der Kursrose, dazu Geschwindigkeit über Grund, Wind und Wegpunkte voraus

Künstlicher Horizont

Künstlicher Horizont auf dem Hauptschirm Primary Flight Display. Links wird die Geschwindigkeit in Knoten angezeigt, rechts die Flughöhe

Künstliche Horizonte waren früher schwarz und hatten eine gelbe, phosphoreszierende Symbolik. Später kam die heutige Farbgebung „Himmel und Erde" auf. Das Flugzeugsymbol steht fest, die „Umwelt" bewegt sich naturgetreu: Bei Linkskurven kippt der Horizont nach rechts und umgekehrt. Horizonte russischer Herkunft irritieren West-Piloten mit dem umgekehrten Verhalten: Hier bewegt sich der Mini-Flieger vor dem fixen Horizont, also genau umgekehrt.

zent Turbinendrehzahl. Mit Anhaltswerten aus einer Tabelle des *Quick Reference Handbook* (QRH) lässt sich jedes Flugzeug bei Systemausfällen auch ganz ohne Geschwindigkeits- und Höhenanzeige fliegen, solange der Horizont noch funktioniert.

Das Raum-Lage-Problem wurde schon vor Jahrzehnten durch zuverlässige Instrumente gelöst. Mit den Digital-Cockpits geraten neue Themen in den Vordergrund: der Verlust na-

INSTRUMENTENFLUG

Arbeit im nächtlichen Cockpit bedeutet Konzentration und gutes Teamwork

türlicher Sinneseindrücke und die zunehmende Automatisierung. Es gibt kaum noch herkömmliche Orientierungshilfen im Cockpit; Drehzahlen, Temperaturen, Distanzen werden

Sichtschirm eines Head-Up-Guidance-Systems im Canadair Regional Jet. Alle wichtigen Fluginformationen werden auf die Glasscheibe vor dem Piloten gespiegelt

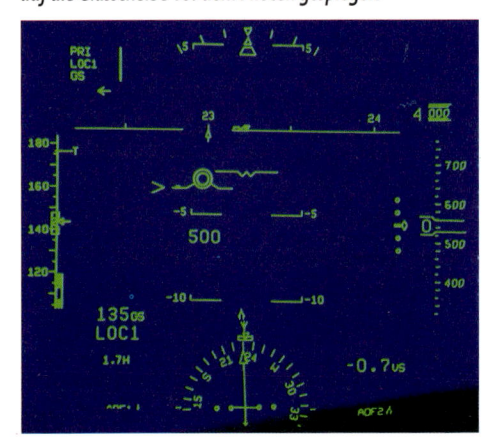

als digitale Balken und Zahlen auf Bildschirmen angezeigt, nicht mehr auf runden „Uhren". Trends (ein Öldruck fällt ab) geraten nicht mehr so schnell ins Blickfeld und müssen durch Warnsignale hervorgehoben werden. Das unmittelbare Flugerlebnis (man spürt den Fahrtwind, zieht am Knüppel, sieht die Ruderklappen ausschlagen und die Flugzeugnase steigen) begann freilich schon in den 1930er-Jahren zu schwinden, als geschlossene Cockpits aufkamen und Nacht- und Blindflug zum Alltag gehörten. Heute hat die Abschirmung der Piloten einen hohen Grad erreicht.

„*No clue*" (sprich: *klu*) sagen Amerikaner, wenn jemand (wovon auch immer) keine Ahnung hat. Flieger brauchen Randeindrücke, die ihnen Auskunft über den Flugzustand geben: (künstlicher) Himmel und Horizont, Turbinengeräusche, die Stellung der Zeiger. Größere Verkehrsflugzeuge haben eine automatische Schubregelung; die Hebel bewegen sich wie von Geisterhand, der Pilot registriert es aus den Augenwinkeln. Dieser „Clue" fällt weg, wenn die Hebel wie auf mehreren Flugzeugtypen schon zum Start in eine Raste geschoben werden und dort bis vor der Landung bleiben.

Um nicht fliegerisch einzurosten, trainieren Verkehrspiloten das manuelle Fliegen, besonders in den wiederkehrenden Simulator-Ereignissen. Schließlich soll bei aller Kopfarbeit die Motorik nicht in den Hintergrund treten. Ein interessanter Nebeneffekt der hohen Automatisierung und Digitalisierung im Cockpit: Flugeindrücke lassen sich reproduzieren, mit allerlei Tricks wird der „Flug" im Simulator äußerst realistisch vorgegaukelt. „Piloten leben von überwiegend virtuellen Eindrücken", erklärt Airbus-Pilot Dirk Kockernack. „Es spielt keine Rolle mehr, wo sie herkommen; Hauptsache, sie wirken echt." Da die meisten Cockpit-Infos von Bildschirmen stammen, fällt es leicht, Eindrücke zu simulieren. Kockernack ist vom virtuellen Fliegen fasziniert: „Beschleunigung, Schütteln und Lärm kann man im Simulator perfekt simulieren, der Rest ist auf dem Bildschirm – fertig ist der Kunst-Flug."

Cockpit-Technik und Simulation lassen fast vergessen, dass sich auch ein 380-Tonnen-Jumbo fast wie eine einmotorige Cessna fliegt, ganz klassisch mit Steuerhorn und Trimmung. Die Landung verläuft auch dort, abgesehen von den automatischen Anflügen bei Nebel, noch wie eh und je mit Händen und Füßen; sie beginnt allerdings schon in rund 50 Fuß (15 Meter) Höhe. Seitenwind spielt auch beim Riesenvogel eine Rolle; man sollte ihn vor dem Aufsetzen rechtzeitig mit dem Seitenruder in Landerichtung bringen. Sonst rumst es, als ob ein Container vom Kran fallengelassen wird. Hält man sich an die Regeln, ist der Jumbo ein sehr gutmütiges Gerät, halt ein großes Verkehrsflugzeug und kein Kampfjet.

Fliegen findet im Kopf statt, und Digital-Cockpits ähneln immer mehr technischen Betriebsräumen. Piloten müssen aufpassen, nicht allzu technikgläubig zu werden. Dirk Kockernak fürchtet, die virtuelle Realität könnte sonst die Oberhand gewinnen. „Ein gesundes Misstrauen ist angebracht", erklärt er mit Blick auf Tankanzeige und Triebwerksdaten. „Wenn der Sprit weg ist, ist er weg – erst virtuell, dann real." Beim Fliegen bleibt der Familienvater ohnehin lieber Realist: „Gefühle sind fürs Kino da."

Spaß an komplexer Technik: Copilot Dirk Kockernack, Verkehrspilot und Familienvater

Langstrecken-Airbus A 340-600 beim Aufrollen auf die nächtliche Startbahn. Eine TV-Außenkamera (unterer Bildschirm) hilft beim Bugsieren des gut 75 Meter langen Vogels

Ohren auf: Beim Briefing eines Langstreckenfluges – hier von Frankfurt nach Hongkong – bespricht die Crew den Flugablauf

Für viele das Schönste am Fliegen: die Arbeit in wechselnden Teams. Auch wenn fast jede Handlung in Cockpit und Kabine genau vorgeschrieben ist, muss die Arbeit mit den Kollegen ständig neu „erfunden" werden – schon beim ersten gemeinsamen Briefing kommt es auf den richtigen Ton an

Teamarbeit

TEAMARBEIT

Es ist noch nicht lange her, da waren Copiloten bloß Helfer der Kapitäne, zuständig für Papierkram und Funkverkehr; bei Start und Landung steuerte meist der Chef. Heute sind die Aufgaben gerechter verteilt. Alles ist auf ein Zweier-Team zugeschnitten, denn längst gibt es keinen Flugingenieur mehr. Wenn Systeme streiken, müssen die Piloten alle Probleme lösen. Wie viele andere Teams arbeitet auch die Cockpit-Crew handwerklich und geistig; soziale Fähigkeiten spielen eine große Rolle. Es geht ums Fliegen, aber auch um Kommunikation und um den Respekt vor der Person und Flugerfahrung des anderen.

Multi Crew Concept

Am immer komplexer werdenden Cockpit-Arbeitsplatz muss klar sein, wer wann etwas tut. Kleinere Flugzeuge kommen mit einem Piloten aus, beim Verkehrsflugzeug soll jeder Handgriff sitzen wie im OP-Saal, ohne Durcheinander und Kompetenzrangelei. Multi Crew Concept (MCC) heißt das Regelwerk für den handwerklichen Teil der Cockpit-Arbeit. Hier dreht sich alles ums Team: Ganz vorn im Handbuch jedes Linienflugzeugs steht unter Mindest-Besatzung *two crew members, properly licensed*. Ein Pilot kann bei Ausfall des Kollegen allein weiterfliegen und den Vogel heil runterbringen; das ist jedoch ein Ausnahmefall, in dem die Arbeitsbelastung stark ansteigt.

Am Grundprinzip aus der Seefahrt wird nicht gerüttelt: Der Kapitän ist der Chef, er trägt die Führungs- und Gesamtverantwortung und besitzt die „nautische Entscheidungsgewalt". Der Copilot ist wie auf See „Erster Offizier" mit drei Streifen, Stellvertreter des Kapitäns und für eigene Aufgabenbereiche verantwortlich. Beide Piloten besitzen die gleiche Lizenz für einen bestimmten Flugzeugtyp. In der Regel wechselt man sich bei

Feuerlösch-Bedienfeld in einem Airbus A320. In einem Notfall muss jeder Handgriff nach festen Regeln im Team ausgeführt werden – ein abgestelltes Triebwerk liefert keinen Schub

MULTI CREW CONCEPT

Beim Einrollen zum Abstellplatz hilft hier ein Follow-Me-Fahrzeug. Ansonsten dient der Copilot als Navigator beim Rollen

den Flugabschnitten (*Legs*) ab; bei der Flugvorbereitung wird geklärt, wer fliegt.

Nach Betreten des Flugzeugs überprüft die Crew das Cockpit anhand von Checklisten. Dort ist festgelegt, für welche Bereiche CM 1 (Crew Member 1, der Kapitän) oder CM 2 (der Copilot) zuständig ist. Der Kapitän checkt beispielsweise das Bordbuch und schaltet die Trägheitsnavigationsanlage ein und prüft das Beladungsdokument mit dem Endstand an Fracht und Passagieren. Der Copilot überwacht, ob Cockpit-Notausrüstung und Borddokumentation vollzählig sind, und berechnet die Startdaten. Ein kleines, aber wichtiges Relikt aus der Seefahrt: Der Copilot holt die Uhrzeit ein und stellt die Borduhr – sonst könnten diverse datumsabhängige Computer während des Fluges ein Eigenleben entwickeln und für unangenehme Überraschungen sorgen.

Kapitän und Co. arbeiten von Flug zu Flug abwechselnd als Pilot Flying (PF) und Pilot Not Flying (PNF). Das Multi Crew Concept legt fest, dass einer fliegt, während der andere funkt und Papierkram macht. „Fliegen" heißt im Airliner nicht, ständig am Knüppel zu rühren. Diese Grundaufgabe überlässt man nach dem Start dem Auto Flight System (Autopilot), um einen optimalen Überblick zu haben und einen Piloten nicht mit der ständigen Überwachung des anderen zu beschäftigen. Dem Flugzeug (und wohl auch den Passagieren) ist es wohl egal, ob manuell oder automatisch geflogen wird.

Auf manchen Flugzeugen werden die fälligen Checklisten automatisch erzeugt, um sichere Abläufe zu ermöglichen. Hier die Start-Checkliste einer Hawker 850 XP

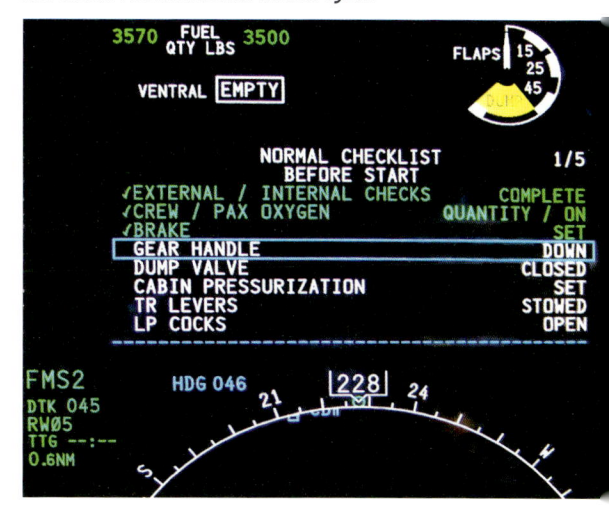

51

TEAMARBEIT

Copilot Laurent Ley, Augsburg Airways, landet die Embraer E195 auf Landebahn 27 in Bremen

Die klare Aufgabenteilung erfordert eine saubere Kommandosprache: *„Gear down"*, wenn das Fahrwerk gefahren wird, oder *„Flaps full"*, sobald die Landeklappen ganz ausfahren sollen. Bestimmte Kommandos werden vom nicht fliegenden Kollegen wiederholt, ausgeführt und bestätigt; das nennt sich Marine-Konzept und erinnert an kernige Brücken-Dialoge wie „Ruder hart backbord" – „Ruder liegt hart backbord". Vorgeschrieben sind Ausrufe in diversen Flugsituationen und bei jedem Rollentausch als Pilot Flying: *„You have control"* – *„I have control"*.

Start und Landung sind Phasen, in denen Piloten auf keinen Fall schlapp machen dürfen. Das Multi Crew Concept hat eine Kontrollfunktion: Beim Beschleunigen durch eine bestimmte Geschwindigkeit auf der Bahn (zum Beispiel 80 oder 100 Knoten, je nach Flugzeugtyp) antwortet der Pilot Flying auf den Ausruf *„One hundred"* seines Kollegen mit *„Checked"*; im Anflug ruft eine Computerstimme beim Passieren von 1000 Fuß (300 Meter) über Grund *„One thousand"*, diesmal antworten beide Piloten mit *„Checked"*. Kommt eine der vorgeschriebenen Antworten nicht wie aus der

Batterieschalter, Fahrwerkhebel, Triebwerksschalter und Startknopf der Zündung mussen in korrekter Position sein

```
COCKPIT SAFETY INSPECTION
BAT 1,2 and APU BAT ................... CHECK & ON
Landing Gear Lever ............................ DOWN
ENG MASTER Switches (All) ...................... OFF
ENG START Selector ............................ NORM
```

CREW RESOURCE MANAGEMENT (CRM)

Rollen bei Dunst und Nebel. Hier muss das Team besonders wachsam sein, um Kollisionen mit anderen Flugzeugen zu vermeiden. Unterhalb einer bestimmten Sichtweite darf nicht mehr geflogen werden

Pistole geschossen, könnte der betroffene Pilot abgelenkt, kurz eingedöst oder gar ausgefallen sein. Der andere muss dann mit „*I have control*" sofort den Flieger übernehmen.

Das MCC regelt den Routinebetrieb, tritt aber erst recht in Aktion, wenn ein „Abnormal" eintritt, irgend etwas nicht wie geplant funktioniert. Bevor ein Notverfahren begonnen wird, bringt der Pilot Flying den Flieger unter Kontrolle und auf sichere Höhe, erst dann geht man an die systematische Fehlerbehandlung. Schon ein kleines Warnlämpchen oder eine gelbe (minder schwere) Störungsmeldung auf dem Bildschirm lösen genau festgelegte Schritte aus. Der Pilot Flying gibt ein Kommando, zum Beispiel „ECAM Actions" (ausführen, was auf dem Bildschirm steht) oder „start procedure", woraufhin der Kollege mit einer Bildschirm- oder Papiercheckliste zu arbeiten beginnt. Bildschirm-Flieger neuerer Generation zeigen zu den Fehlermeldungen auch Lösungsmöglichkeiten. Sind alle angezeigten Punkte abgehakt, wird der verbleibende „Status" gelesen (was geht noch, was ist kaputt) und anschließend der Bildschirm wieder in den normalen Systembetrieb umgestellt. Nach Fehlerdiagnose und Abhandlung folgt die Frage: Was ist noch zu tun? Können wir weiter auf Kurs bleiben, müssen wir irgendwo zwischenlanden?

Crew Resource Management (CRM)

Dieser Zungenbrecher umschreibt, wie Teamarbeit sein sollte: ein geschickter Einsatz aller Mittel, die eine Crew zur Verfügung hat. „Ressourcen" sind die Piloten selbst, aber auch Flugbegleiter, Passagiere, Fluglotsen oder Hilfskräfte am Boden; dazu noch Bordbücher und weitere Auskunftsquellen. Jegliches Know-how an Bord kann helfen, wenn es vernünftig eingesetzt wird. Die Behörden schreiben regelmäßiges CRM-Training für Cockpit- und Kabinen-Besatzung vor. Die Ausbildung hat zwei Schwerpunkte: Verhaltenstraining –

TEAMARBEIT

Ein Airbus rollt im kanadischen Calgary zur Startbahn. In dieser Phase müssen beide Piloten extrem aufmerksam sein

Was müssen wir tun, um gute Teampartner zu sein? – und Strategien – *Wie bewältigen wir gemeinsam technische oder menschliche Probleme?* Gründe dafür gibt es genug, denn Flugunfälle geschehen zu über 70 Prozent durch menschliches Fehlverhalten. Völlig intakte Flugzeuge stürzen wegen Kraftstoffmangels ab oder berühren durch Navigationsfehler Hindernisse (*Controlled Flight into Terrain,* CFIT), andere geraten durch zögerliche oder unkoordinierte Problembehandlung in zusätzliche Schwierigkeiten. Dabei geht es nicht immer um Technik, auch medizinische Zwischenfälle und randalierende Passagiere können eine Crew vor schwierige Entscheidungen stellen. Auch wenn am Ende der Kapitän alles verantworten muss: Stets sollten die Fakten bedacht, Optionen und Risiken überlegt werden, bevor eine Entscheidung fällt.

Das Multi Crew Concept regelt das Handwerkliche, das Crew Resource Management ist eine Art „Mantelvertrag", ohne den gar nichts geht. Jeder Pilot ist zwar durch seine Auswahl als Teamarbeiter vorgesiebt, er muss sich aber innerlich bereit erklären, den Vertrag zeitlebens einzuhalten und nicht – zum Beispiel später als Kapitän – Chefallüren zu entwickeln.

Die Cockpit-Hierarchie ist darum etwas flacher als auf vergleichbaren Entscheidungsebenen am Boden. Soll die junge Copilotin den doppelt so alten Langstrecken-Kapitän unterstützen, muss sie ihn auch auf mögliche Arbeitsfehler hinweisen und eigene Ideen einbringen dürfen. Sie könnte beispielsweise, wenn ihr dies aus Sicherheitsgründen geboten scheint, den Flieger mit dem Kommando „*Go around*" zum Durchstarten bringen; der Kapitän müsste dies akzeptieren. Als letztes Mittel darf jeder Pilot, wenn Gefahr im Verzug ist, mit *I have control* die Kontrolle übernehmen – es könnte ja sein, dass der andere handlungsunfähig ist. Derartige Situationen werden im Simulator geübt; eine gewisse Hartnäckigkeit (Assertiveness) und Wachsamkeit wünschen sich Kapitäne von ihren Copiloten, da nun mal jeder Fehler machen kann.

CRM bietet Verhaltensregeln und einen Anforderungskatalog an gute Teampiloten, dazu konkrete Konzepte zur Problembehandlung. Die sind fällig, wenn die Störungsmeldung abgearbeitet ist und der handwerkliche Teil nach dem Multi Crew Concept getan wurde. Genau an diesem Punkt, bei der Lagebeurteilung und Entscheidungsfindung, hakte es früher öfters. Der Kapitän legte sich fest, der Co wagte nicht zu widersprechen – fertig. Dabei ist gerade in dieser Phase so wichtig, dass auch der jüngste Mitarbeiter nicht einfach untergebuttert wird und Lösungsvorschläge bringen kann. Außerdem braucht man für den Entscheidungsprozess einen roten Faden. In der Fliegerei wird die Abkürzung FORDEC benutzt, Sie steht für sechs Schritte:

Teamarbeit im Regionaljet. Die Rollen des Pilot Flying (PF) und Pilot Not Flying (PNF) wechseln von Flug zu Flug, wie überall auf Linienflugzeugen

ist nicht mehr geeignet, dem Fluggast geht's wieder besser ...), fängt „FORDEC" nochmal von vorn an, bis die Crew zufrieden ist. Natürlich mit Blick auf Borduhr und Tankanzeige; es gibt zeitkritische Fehler von der Bombendrohung bis zum Kraftstofffleck, die eine sehr straffe Abhandlung erfordern.

Facts (Was ist Sache)
Options (Welche Möglichkeiten sind da)
Risks and Benefits (Vor- und Nachteile dieser Optionen)
Decision (Entscheidung)
Execution (Ausführung der Entscheidung)
Check (Ist noch alles richtig, gibt es neue Erkenntnisse ...)

Die Praxis

Stellen wir uns vor, wir säßen im Cockpit, mit dem Jet auf dem Airway unterwegs; die Abendsonne scheint. Das Flugzeug liegt wie ein Brett in der Luft, leise zischt die Avionik-Kühlung vom Instrumentenbrett herüber. Plötzlich – Warnlampen und Töne! Der Autopilot quittiert den Dienst, auf dem mittleren Bildschirm erscheint eine Hiobsbotschaft: Ein Hydraulikkreis verliert Druck. Gut, dass das Abendessen abgeräumt ist und die Checklisten in Reichweite sind. Sobald der Fehler identifiziert ist, kommt die *Abnormal Procedure* an die Reihe. Ein Pilot fliegt von Hand weiter, der andere geht die Listen Punkt für Punkt durch.

Nach diesem „Rezept" werden an Bord kleine und große Probleme (Warnlämpchen, Weiterflug mit ausgefallenem Triebwerk, Zwischenlandung aus medizinischen Gründen und so weiter) abgearbeitet. Dieser Vorgang muss nicht automatisch mit einer Lösung enden. Kommen neue Fakten dazu (ein Landeplatz

Fliegen ist Teamwork. Hier wird im Cockpit eines Airbus A340-600 eine neue Flughöhe am Autopiloten-Bedienfeld eingegeben

An dieser Stelle geht das Licht an: Wir sind im Simulator! Probleme und Stress sind zum Glück nur Teil eines Trainingsfluges. Das Lernziel: Teamarbeit und die korrekte Abhandlung aller Verfahren. Der Nebeneffekt: etwas Training im Fliegen „von Hand". Airline-Flugzeuge haben komplexe Autoflight-Systeme (zusammengefasst Autopilot genannt). Doch auch die beste Technik kann einmal ausfallen – da hilft gutes Basistraining am Steuerknüppel.

Manuelles Fliegen, Handarbeit im Raumfahrtzeitalter? Viele Passagiere sind überzeugt: In den Glas-Cockpits der Superjets wird kaum mehr gearbeitet. Der Flug läuft doch vollautomatisch ab, zum Schluss wird auf dem „Leitstrahl" gelandet. Bekommen beide Piloten auf den Bildschirmen alles, was zu tun ist? Nun: Piloten müssen wirklich lange sitzen, im Reiseflug ist der Autopilot eingeschaltet. Monitore zeigen Checklisten und Fehler. Doch Technik allein kann es nicht sein: Trotz Super-Cockpit-Ausrüstung passieren auch Unfälle. Hinter den meisten Crash-Situationen steckt der Mensch – er ist der *Human Factor* und macht Fehler. Sicherheitsexperten arbeiten in Informations-Netzwerken zusammen, im Fokus stehen handwerkliche und soziale Fähigkeiten der Piloten.

Hard Skills umfassen die Fachkenntnisse und das „handwerkliche" Fliegen, auch *Stick and Rudder* oder *Basic Flying* genannt. Motorische Fähigkeiten und räumliches Denken erlauben, was Laien unmöglich scheint: einen 300-Tonnen-Jet selbst bei Sturm und Seitenwind auf eine kurze Piste zu setzen. Für den sicheren und wirtschaftlichen Flugablauf zählt aber auch der richtige Einsatz dessen, was am Autoflight-System „hängt". Ein Flugzeug zu führen, bedeutet: Der Pilot fliegt das Flugzeug und nicht umgekehrt. Die Crew muss dem Jet immer ein großes Stück voraus sein, dann kann sie Fehler erkennen und bei Bedarf manuell die Steuerung übernehmen. Ein Druck auf den roten Knopf am Steuerknüppel, und der Autopilot „fliegt raus".

Soft Skills sind für die Teamarbeit wichtig: strukturiert planen, entscheiden und handeln kann nur, wer Augen und Ohren auch für den Rest der Crew hat. Das *Crew Resource Management (CRM)* ist die entsprechende „Bibel" für Piloten, ein roter Faden für die Entscheidungsfindung und „Knigge" mit Ratschlägen für die Zusammenarbeit. CRM verbessert innerhalb der festgelegten Cockpit-Hierarchie (mehr Streifen, größere Erfahrung) die Kommunikation. Hält sich die Crew daran, stehen die Chancen gut, auch härtere Probleme richtig zu lösen.

einmal eine Fischvergiftung, muss der nette Privatpilot aus dem Film nach vorn kommen und den Jet mithilfe eines alten Haudegens auf dem Tower runterbringen; eine blonde Stewardess winkt als Belohnung.

Sind Piloten nur noch Systembeobachter für den unwahrscheinlichen Fall einer Störung? Hat der Autopilot wirklich das „Sagen", steht

Soft oder *Hard* – der Vergleich zum Computer drängt sich auf. Software ist flüchtig, Hard-

TEAMARBEIT

Ganz schön viel Papierkram: Der Abgleich mit dem Rechner erfordert große Sorgfalt

ware kann man anfassen. Die „weichen" Skills der Piloten werden in CRM-Seminaren verfeinert, das „harte" Fliegen müssen sie ebenfalls können. *Stick and Rudder* kommen im Routine-Alltag manchmal etwas zu kurz, darum wird im Simulator vermehrt manuell geflogen.

Einst waren Berufsflieger kernige Burschen, die mit viel Handarbeit ihre Kisten von A nach B brachten. Im Cockpit saßen bis zu fünf Mann: Der Kapitän flog, sein Copilot machte den Schreibkram. Die anderen funkten, überwachten die Motoren oder errechneten den Standort. Bei Problemen war die Crew besonders gut ausgelastet. Die Seilzug-Steuerung forderte den Crews auch allerhand ab. Fliegen war Handarbeit; Kopfrechnen und Schweiß, *Stick und Rudder* waren eine Selbstverständlichkeit, Autopiloten ein Luxus.

Die Siebziger- und Achtzigerjahre brachten *Autoflight*-Systeme, Kreiselnavigation und *Flight Management Computer*. Vom Militär stammten *Fly-by-Wire* (elektrisch unterstützte Steuerung) und *Head-up-Displays* (Sichtscheiben mit Flugdaten vor den Piloten); kein Wunder, dass der Steuerknüppel (*Sidestick*) eines Airbus dem eines Kampf-Jets verblüffend ähnlich sieht.

Viele Piloten waren spontan von der Digitaltechnik fasziniert; Hersteller dachten sogar laut über unbemannte Cockpits nach. Sie versprachen, in der Gegenwart „narrensichere" Arbeitsplätze einzuführen und damit den Schulungsaufwand für die Airlines zu senken. Schwere Unfälle früher Fly-by-Wire-Maschinen fegten das Märchen vom Rundum-Sorglos-Jet vom Tisch. Nicht Anfänger, son-

DIE PRAXIS

dern erfahrene Crews scheiterten an der neuen Technik.

Teamarbeit und Methodik sind genau das, was vielen Piloten besonders gefällt und den Job deutlich von allen unterscheidet, bei denen es mit viel Ellenbogen-Einsatz hektisch um gute Quartalszahlen und das eigene Fortkommen geht. Was macht ein gutes Team aus? Diese Frage lässt sich nur unvollständig mit MCC- und CRM-Standards erklären. „Man braucht schon eine gehörige Portion Selbstreflexion", findet Check-Kapitän Rüdiger Kahl, „offen für Kritik zu sein und sie auch anzunehmen." Senior-Copilotin Birgit Sommer ist überzeugt: „Bei einer guten Fluggesellschaft muss ein Copilot nie Angst haben, den Kapitän zu kritisieren." Bei der Teamarbeit zwischen Frauen und Männern im Cockpit sieht sie kaum Unterschiede. „Alle Piloten müssen doch selbstkritisch sein und Fehler eingestehen. Sie können ja nicht das Handtuch werfen, wenn ein Problem auftaucht." Birgit Sommer bemerkt bei anderen Pilotinnen gelegentlich eine fast „unweibliche" Ruhe und Bedächtigkeit. „Ich frage mich manchmal, ob sie diese Gelassenheit nur antrainieren oder einfach in sich tragen", sinniert die Copilotin und vermutet als Ursache die harte Auswahl. Jumbo-Kapitän Bernd Kopf, ausgebildet zu Zeiten, als seinesgleichen noch unbeschränkte Herrscher an Bord waren, hat eine andere Erklärung parat: „Unsere Arbeitsplätze sind frei von Intrigen und Mobbing." Offenheit, Kritik, Selbstreflexion – Hierarchie und Rollenverteilung werden dadurch nicht angetastet. CRM ist eine so vernünftige Sache, dass längst auch in anderen sensiblen Bereichen wie Kernkraft und Medizin damit gearbeitet wird. Ob Cockpit, Schaltzentrale oder OP-Saal, gute Teamarbeit kann Menschenleben retten.

ECAM: Electronic Centralized Aircraft Monitor, Gerät für System- und Störungsanzeigen auf Bildschirmen

Gute Teamarbeit beginnt am Boden. Hier die Kabinencrew bei Kabinen-Sicherheits-Check, der zwischen zwei Flügen vorgeschrieben ist. Seit 11. September 2011 gelten besonders scharfe Bestimmungen

In Reih und Glied: Airbus-Kurzstreckenflugzeuge auf dem Münchner Vorfeld. Maschinen wie der Airbus A321 (im Vordergrund) haben eine Reichweite von vier bis fünf Flugstunden – genug für die Strecke nach Tel Aviv

Vier-, fünf- oder gar sechsmal täglich starten und landen, quer durch Europas Klimazonen – morgens Abflug bei Schnee und Eis in Helsinki, abends noch ein Absacker an der Spanischen Treppe in Rom. Das gibt es nur auf der Kurzstrecke, von der viele Piloten gar nicht mehr weg wollen

Kurzstrecke

KURZSTRECKE

Airline-Piloten fangen meist auf kleineren Flugzeugen an. So lernt der Copilot zunächst den Nahbereich von vier, fünf Flugstunden kennen und sammelt ordentlich Landungen. „Kleine Häuser, große Häuser", beschreiben Piloten das Fliegen auf der Kurzstrecke.

Airbus-Copilot Ulf Maurer erinnert sich an den Umstieg von der kleinen Piper Seneca auf das digital ausgerüstete 50-Millionen-Dollar-Flugzeug: „Wir hatten Respekt vor den Speeds und dem Flugverhalten des großen Jets." Verständlich, denn der Umstieg glich dem Wechsel vom Sportboot zum Ozeandampfer. Das Cockpit der Trainingsmaschinen im heißen Arizona ähnelt nur entfernt dem eines Airliners, lediglich die Anzeigen für Höhe, Geschwindigkeit und Lage sitzen etwa an gleicher Stelle. Jet-Arbeitsplätze sind dagegen mit Monitoren und Computern vollgestopft, deren Überwachung und Bedienung ein wichtiger Teil der Pilotenarbeit ist.

Altgediente Airline-Skipper und junge Technikfreaks sitzen zusammen im Cockpit, müssen Automatik und das Fliegen von Hand gleichermaßen beherrschen. Wenn einer manuell fliegt, überwacht ihn ständig der andere. Das bindet Aufmerksamkeit: Der fliegende Pilot ist *„head down"* auf den Instrumenten, während der andere die Einhaltung der Betriebsgrenzen überwacht und zusätzlich den Luftraum im Auge behält. Das kann sehr viel Aufmerksamkeit erfordern und ist daher ungeeignet bei starkem Flugverkehr an Großflughäfen und speziell bei gutem Wetter, wo noch kleine Flugzeuge nach Sicht herumfliegen. Besser zum Training geeignet sind darum ironischerweise die unangenehmeren Wetter-

Lufthansa-Boeing 737 im Transit auf dem Flughafen Düsseldorf – in nur einer halben Stunde wird der Jet für den nächsten Trip fertig gemacht, inklusive der vorgeschriebenen Kontrollen

EUROPA IM STUNDENTAKT

lagen mit miesen Sichten – und die stockdunkle Nacht.

Autopiloten sind nicht wegzudenken und werden aus den bekannten Gründen bevorzugt eingesetzt. Gerade bei technischen Störungen lautet der Grundsatz: Autopilot einschalten, das schafft Freiräume zum Planen und Handeln. Der Mensch ist ein Gewohnheitstier, Cockpit-Crews schätzen Komfort und Redundanz. Locker lässt sich der Flugweg auf dem Bildschirm verfolgen, während der Autopilot fliegt. Tritt aber eine Macke im System auf, kann sehr schnell wieder „Handbetrieb" angesagt sein. Das sofortige Ausschalten des Autopiloten ist sogar Pflicht beim Ansprechen des Bodenannäherungs-Warnsystems oder bei einer Zusammenstoß-Warnung. Piloten sind Flugzeugführer, nicht Knöpfchendrücker.

Die vielen An- und Abflüge auf der Kurzstrecke machen gerade den jüngeren Kollegen Spaß. Sie lieben das manuelle Fliegen und wollen viel Erfahrung sammeln, bevor es zur ruhigeren Langstrecke geht – sofern ihre Airline eine betreibt. Mittlerweile sind Gesellschaften wie Lufthansa dazu übergegangen, Piloten nur noch auf deren eigenen Wunsch auf andere Flugzeuge zu versetzen. Die Bezahlung ändert sich nicht, wenn man von der kleinen Boeing 737 auf den dicken Jumbo umsteigt; Piloten müssen nicht wie früher x-mal auf das nächstgrößere Flugzeug umschulen, um bis zur Rente in die Gehalts-Endstufe zu kommen. So bleiben Schulungskosten unter Kontrolle und fast jeder kann fliegen, was er mag. Alle (Be-)Förderungen laufen freilich nach Dienstalter (Seniorität), um Ellenbogentaktik und Ungerechtigkeiten von vornherein auszuschließen.

Das Ergebnis der heutigen Regelung: Relativ junge Piloten fliegen schon auf großen Langstreckenjets, manch alter Kapitän sitzt weiter zufrieden im Kurzstrecken-Cockpit, obwohl er längst einen prestigeträchtigeren Jumbo oder Airbus A380 fliegen könnte. Seitdem

Flugkapitän Uli Küplüce und Copilot (heute Kapitän) Sascha Honczek vor dem Abflug mit der Boeing 737-300

Die Crew checkt das Wetter für den Flug. Die dicken Linien stehen für die Starkwindfelder (Jet Streams)

es keine Musterzulagen für größere Flugzeuge mehr gibt, hat sich auch das Bewerbungsverhalten der Crews geändert. „Wer auf einen

63

KURZSTRECKE

Canadair Regional Jet. Diese Flugzeugfamilie wurde aus dem Geschäftsflugzeug Canadair Challenger weiterentwickelt und ist weltweit im Einsatz

großen Flieger will, der geht", meint Copilot Markus Kugelmann, First Officer bei der Lufthansa Cargo. „Nächte ohne Zeitverschiebung gibt's nur auf Kurzstrecke." Piloten sind Individualisten, was ihre Laufbahn angeht. Die allgemeine Überzeugung: Es ist egal, wie das Flugzeug aussieht, ob es Passagiere oder Fracht befördert. Hauptsache, Strecken und Freizeit stehen in einem gesunden Verhältnis.

Viele kleinere Firmen und Tochtergesellschaften großer Airlines fliegen ausschließlich auf Kurz- und Mittelstrecken. Ihre Piloten sind nicht traurig, nach Rom und Leipzig statt nach New York oder Tokio zu düsen. „Meine Lieblingsziele liegen im Mittelmeerraum und in Osteuropa", verrät Uwe Wenkel, ein überzeugter Regionalflug-Kapitän. Er kam über Bundeswehr- und Zivilhubschrauber zur Lufthansa CityLine, wo er viele Jahre am Knüppel eines Canadair Regional Jets saß. Vor einigen Jahren schulte Wenkel auf die brasilianische Embraer 195 um und wird dieses Muster voraussichtlich bis zum 65. Lebensjahr fliegen. An seine Anfänge kann sich Wenkel gut erinnern. „Ich kam eher zufällig zur Luftwaffe, die Ausbildung zum Hubschrauberführer war anspruchsvoll und machte Spaß, aber man hatte wenig Freiraum für private Aktivitäten."

Wenkel denkt an den damaligen Erfolgsdruck: „Die Ausbilder ließen uns spüren, dass sie uns nicht brauchten. Man war nur einer von vielen." Sein heutiges Streckennetz findet er gut, die Regional Jets decken den größten Teil Europas ab. Sie fliegen von Skandinavien bis Albanien, von der Ukraine bis nach Eng-

Boeing 737 am Flughafen Bremen

land. Von Frankfurt aus erreicht man Moskau in gut zwei Stunden. „An einem Morgen in Frankfurt einchecken, dann über Helsinki und Frankfurt abends in Mailand anzukommen, den nächsten Abend nach vier Flügen in Paris zu verbringen und den übernächsten in Madrid – das ist Kurzstrecken-Alltag", erläutert Uwe Wenkel. Er schätzt „die Freiheit, in recht vielen Bereichen Entscheidungen treffen zu dürfen". Später möchte er mit seiner Frau auf dem eigenen Segelschiff verreisen.

Was Langstrecken-Piloten wie S-Bahn-Fahren vorkommt, kann durchaus spannend und abwechslungsreich sein; die Stunden und Tage fliegen nur so dahin. „Mehrere Male am Tag den Flieger bei Schneefall enteisen, Minuten später wieder die Sonne sehen und abends irgendwo im T-Shirt sitzen, das hat doch was", schwärmt der heutige Langstreckenkapitän Roland Sommer. Der geborene Bayer wuchs im Taunus auf und machte „nur fürs Fliegen" Abitur. Schon im Line Training zum Copiloten erlebte er, was die Fliegerei so mit sich bringt. „Der erste Flug Frankfurt–Venedig verspätete sich durch Schneechaos, wir standen eineinhalb Stunden auf dem Rollweg." Nach vielen Jahren als Copilot auf Airbus A340 ging er als Kapitän auf die „kleine Schwester" Airbus A320, ein echtes Arbeitspferd wie die etwa gleich große

Der beliebte Bremer-Flughafen-Mitarbeiter Alfons Dombek bei seinem letzten Pushback vor der Rente im April 2006

Vom Hubschrauber zur Flächenfliegerei

Uwe Wenkel,
Captain
Embraer
Regional Jet

Karriere zwischen Rotorblatt und Turbine
Der geborene Magdeburger ging nach einigen Jahren als Hubschrauberpilot der Bundeswehr zum zivilen Lotsenversetzdienst („vom Festland zum Schiff oder zur Bohrinsel, ein sehr lukrativer Job") und schließlich zur Airline. Hier wurde der überzeugte Rotor-Flieger zum Flächen-Pilot auf Lebenszeit.

Wenkel ist seit über 40 Jahren verheiratet und hat drei Kinder; ein Sohn ist Kapitän auf einem Frachtschiff.

Boeing 737. Die Umschulung fiel Sommer nicht so schwer, da sich die Cockpits und Systeme aller Airbus-Flieger stark ähneln. Diese *Commonality* spart Schulungskosten; Crews können bei manchen Airlines sogar gemischt Kurz- und Langstrecke fliegen.

Der Job im Cockpit ist total durchrationalisiert, um die Kurzstrecken-Bodenzeiten von oft nur 25 bis 30 Minuten halten zu können. Nach der Landung kommt sofort ein neues Flugplanpaket ins Cockpit, die Crew checkt die Wetterlage und bestellt den Sprit – auf Kurzstrecken-Airbus per Knopfdruck, mit einer automatische Tankmengenbegrenzung.

Die Flugstrecke wird per Datenfunk (ACARS uplink) vom Boden direkt ins Flight Management System des Cockpits geladen,

Schöner Ausblick im Frühdunst. Anflug auf Bremen

das „Herz" des Fliegers. Dieser Rechner hat nicht nur alle Eckpunkte des Fluges gespeichert, sondern auch die Leistungsdaten der Maschine. Er „weiß", wie schnell oder hoch das Flugzeug in einer bestimmten Flugphase fliegen kann.

In der Bodenzeit zwischen zwei Flügen („Transit") passiert vieles gleichzeitig: Der Flieger wird betankt, gereinigt, von der Cockpit- und Kabinen-Crew gecheckt und für den nächsten Trip vorbereitet. Ein Pilot macht draußen eine Sichtinspektion, während die Gäste einsteigen. Die Cockpit-Vorbereitung ist ein stets gleiches Ritual, das mit der *Before Start Checklist* endet. Darin unterscheiden sich kleine Flieger nicht von großen.

Roland Sommer nennt einen Unterschied zwischen Kurz- und Langstrecke: „Auf den langen Flügen packen die Piloten schon ein bis zwei Stunden vor der Landung die Anflugkarten aus und machen sich mit den Anflugverfahren vertraut. So lange dauert mancher Kurzstreckentrip nicht." Dennoch muss es auf einem ultra-kurzen Flug wie Stuttgart–Zürich

Vom Modellflugzeug ins Airbus-Cockpit

„*Ich wollte die großen Jets.*"

Roland Sommer,
Airbus-Kapitän

„Mein Vater entwickelte Modellflugzeuge aus Voll-Glasfaserverbundstoff, meine Mutter, eine studierte Apothekerin, war die Chefin der Flugzeugproduktion", erzählt Sommer. „Ich baute schon als kleiner Junge Modellflugzeuge." Über den selbst bezahlten Privatpilotenschein kam er zur Lufthansa, jobbte zwischen Ausbildung und Linienfliegerei als Lagerarbeiter, wurde Copilot. Heute düst Heute düst Sommer als Kapitän eines Airbus A340 durch die Welt. Wie seine Frau und Kollegin Birgit treibt er gern Sport, reist und interessiert sich für historische Flugzeuge.

Copilot Gerald Reinke überprüft die Tasche mit den Unterlagen für den nächsten Flug

oder Frankfurt–Stuttgart genauso sorgfältig zugehen wie zwischen Hongkong und München; schon ein alter englischer Fliegerspruch sagt: *Haste makes waste* (wir sagen: Eile mit Weile). Es ist beeindruckend, wie gelassen die Kabinen-Crew den Service auf einem 25-Minuten-Flug macht und noch im Endanflug Kaffeebecher und Bierflaschen einsammelt, bis kurz vor Ausfahren des Fahrwerks aus dem Cockpit der Ruf „*Cabin Crew, prepare for landing*" durch die Kabine dringt. „Da muss auch die Cockpit-Crew mitspielen", erklärt Roland Sommer. „Wir schalten rechtzeitig die Anschnallzeichen aus und ein, um auf solchen absurd kurzen Trips überhaupt einen Service zu ermöglichen. Bei aller Pünktlichkeit dürfen wir unsere Kollegen nicht hetzen und müssen aufpassen, dass sie bei Turbulenzen angeschnallt sind."

Rüdiger Kahl, ebenfalls Kapitän auf Kurzstrecke, sieht dort noch das „eigentliche Fliegen" im Vordergrund. „Fünfmal Flugdokumente analysieren, fünfmal die Bodenabfertigung überwachen, fünfmal starten und landen irgendwo in Europa, Nordafrika oder Vorderasien, das Ganze bis zu 13 Stunden am Tag – anstrengend", meint er. „Dafür gibt es Kernzeiten, in denen weniger geflogen wird. Wir sind jeden Tag an einem anderen Übernachtungsort, es gibt kaum Zeitverschiebung zwischen den Zielorten."

Manche Piloten schlagen alle größeren Flugzeuge aus und bleiben auf dem Einstiegsmuster. Das ist so, als ob ein Schiffskapitän bei der Helgolandfahrt anheuert und bis zur Rente zum Roten Felsen schippert – in jedem Fall eine respektable Entscheidung, für die niemand in der Branche belächelt wird.

Wer darf entscheiden?

Lange Zeit schien völlig klar: Nur der Boss darf das Kommando zum Durchstarten geben, nach der Devise: Wer später vor dem Kadi steht, soll auch im Flugzeug entscheiden. Generationen von Flugzeugführern hielten die Hierarchie strikt ein, besonders in Asien, wo konservative Vorstellungen und Respekt vor dem Vorgesetzten die Lage bestimmen. Kritische Worte von Copiloten sind dort erst in jüngerer Zeit üblich. Das *Crew Resource Management*, der rote Faden für die Teamarbeit an Bord, hat die alte Ordnung nicht außer Kraft gesetzt, aber viele Schattenseiten beseitigt. Nach wie vor trägt der Kommandant die Gesamtverantwortung für Flugzeug und Insassen. Die anderen Besatzungsmitglieder arbeiten im Rahmen ihrer Handlungsverantwortung. Jeder macht einmal Fehler: Gegenseitige Überwachung der Piloten, strukturierte Entscheidungsfindung und ein „Einspruchsrecht" bilden ein eigenes Sicherheitsnetz vor Katastrophen, die mit banalen Irrtümern beginnen können.

Der nicht fliegende Pilot im Anflug meldet alle Abweichungen vom Sollzustand. Die Worte liegen genau fest, zum Beispiel „*Speed!*" für die Geschwindigkeit, „*Pitch!*" für die Fluglage und so weiter. Niemand darf aus Rücksicht auf einen erfahreneren Kollegen Zurückhaltung üben, im Gegenteil: Überschreitet jemand fortgesetzt und ohne auf die Ausrufe zu reagieren die Grenzwerte, ruft der Pilot Not Flying: „*Go Around!*" (Durchstarten!) Diese Anweisung muss befolgt werden, als konsequente Umsetzung der Erkenntnis: Ein neuer Anflug ist allemal sicherer als ein verkorkster. In sicherer Höhe ist Zeit für Diskussion.

Die *Emergency authority* (Notfall-Entscheidungsgewalt) des Kapitäns bleibt unberührt: Im Zweifelsfall könnte der „Alte" rein nach Gesetz auf einer Landung bestehen. Dies ist jedoch eher unwahrscheinlich, denn mit dem Durchstarten verbessert sich meist die Lage. Aber man kann nicht alles vorhersehen: Ein Brand, extreme Spritknappheit und besondere Hindernisse könnten für eine Landung sprechen.

Der Außen-Check muss sein – und zwar vor jedem Flug. Hier inspiziert der Copilot das Bugfahrwerk des Airbus A340-600

Für manche Piloten beginnt erst auf Fernstrecken das Fliegen – dort, wo zuweilen ganz andere Wetterbedingungen herrschen und Fluglotsen ein oft eigenartiges Englisch sprechen. „Reisen bildet" – dieser Spruch gilt ganz besonders für denjenigen, der als Pilot gern exotische Länder erkundet und dabei – stets im Dienst – seinen Horizont erweitert

Langstrecke

Wie sehen Piloten ihren Beruf, der manchmal „glorifizierter Busfahrerjob" genannt wird? Die meisten lachen über diesen Vergleich; natürlich sind Bus- und Taxifahrer, Brummi-Kapitäne und Lokführer geschätzte Kollegen der Transportindustrie. Niemand mag leugnen, dass die Luftfahrt ihre Besonderheiten hat. Einmal in der Luft, *muss* das Flugzeug unter allen Umständen heil wieder runter; man kann nicht rechts ranfahren und anhalten. Piloten sind praktisch unersetzlich, denn ohne jemanden, der wieder landet, wären Passagiere und Fracht gleich nach dem Start unrettbar verloren, sozusagen lebendig begraben – und das im völlig intakten Flugzeug.

Für Flugenthusiasten hat der Beruf unverschämt viel Charme. „Er ist etwas für Romantiker", findet der lang gediente Jumbo-Kapitän Bernd Kopf. „Sonnenauf- und -untergänge, ausgefallene Wolkenbilder, aufregende Landschaften aus der Vogelperspektive, alle Arten von Wettererscheinungen … ich habe die tollsten Sachen gesehen. Einmal regnete es im Anflug auf Bremen bei Sonnenuntergang aus einer Wolke über uns. Wir hatten den erschreckenden Eindruck, mit über 400 km/h mitten durch rote Blutstropfen zu fliegen."

Eine Boeing 767 der Air Canada landet in München. Nach einem langen Arbeitstag geht die Crew in die vorgeschriebene Ruhezeit, der Jet hingegen wird in knapp zwei Stunden zum Rückflug starten

COCKPITS HEUTE

Viel Power für über 300 Fluggäste. Copilot Bastiaan Rietvelt am Triebwerk Nr. 3 des vierstrahligen Airbus A340-600

Cockpits heute

Zwei Piloten sind auch auf vielen Langstrecken übrig geblieben, sie sitzen vor Bildschirmen und rühren an *Sidesticks*. Geht der alte „Pilotenverstand" zwischen Displays und Computern verloren? Die Anforderungen sind hoch, viel System-Management gehört dazu. Niemand würde mit den Seilzug-Piloten aus den Fünfziger- und Sechzigerjahren tauschen; wer fliegt noch eine DC-8 ohne hydraulische Steuerung?

Piloten lernen noch immer auf kleinen Flugzeugen fliegen. Jeder bekommt daher ein Mindestmaß an *Stick-and-Rudder*-Ausbildung mit konventioneller Steuerung nach Uhrenladen-Instrumenten. Der Schritt in die Glas-Cockpits der großen Verkehrsflugzeuge ist kurz, das Type Rating anspruchsvoll: Flugschüler müssen ungewohnte Dimensionen verdauen.

Flugplan Transatlantik. Von links nach rechts: Zeiten – Koordinaten – Kurse – Distanzen – Flughöhen – Wetter- und Windangaben

LANGSTRECKE

Cockpits sind eigentlich mit Computertechnik vollgestopft, auch, um Stress zu reduzieren. Automation nimmt den Menschen wieder ein Stück aus dem Regelkreis heraus; manchen Berufsanfänger droht die zuverlässige Technik einzulullen. Schutzfunktionen bügeln grobe fliegerische Fehler (zum Beispiel extreme Schräglage) und einige Systemstörungen aus. Da im Alltag die manuelle Fliegerei meist auf Start und Landung beschränkt ist, forschen Sicherheitsexperten und Hersteller, wie man den Piloten jederzeit volle Kontrolle über das Flugzeug belassen kann – und ihn für plötzlich auftretende Zwischenfälle fit hält.

Dienst ist Dienst

Auch Langstreckenpiloten sollten in der Nähe eines Verkehrsflughafens oder der dienstlichen Basis wohnen. Die Schichtpläne sind sehr un-

Vor dem Abflug nach Chicago. Blick von der Fluggastbrücke auf Triebwerke und Vorfeld

Senior First Officer Bastiaan Rietvelt kontrolliert den Fahrwerkschacht des Bugfahrwerks

DIENST IST DIENST

Langstrecken-Flugvorbereitung am Computertresen. Kapitän Frank Liese (rechts), First Officer Thomas Herrele (Mitte) und Senior First Officer Jan Hantelmann besprechen Wetter und Flugplan und bestellen den Sprit

terschiedlich, darum kommen Flieger oft tagelang nicht nach Hause und haben dann wieder einen oder mehrere Tage frei. Der Wohnsitz kann sogar im Ausland liegen, Hauptsache, man gelangt pünktlich zum Dienst. „Nehmen wir an, man wird an einem 24. des Monats für Los Angeles eingeteilt", wirft Bernd Kopf ein. „Schon am 26. geht es zurück nach Frankfurt, macht inklusive der neunstündigen Zeitverschiebung einen Tag vor Ort." Kopf schätzt den Schichtdienst: „Arbeitstage als solche gibt es nicht. Man bekommt einen Monatseinsatzplan, der minutiös die einzelnen Flüge beinhaltet, dazwischen freie Tage oder Ruhezeit. Diesen Plan kann man zu einem gewissen Grade selber beeinflussen." Viele Piloten fliegen „ex FRA", vom Langstrecken-Drehkreuz Frankfurt aus. Drehkreuz heißt auf Englisch Hub, und davon hat die Lufthansa-Langstrecke noch einen zweiten in München (MUC). An beiden großen Plätzen befinden sich Crew-Basen, an denen Flüge und Besatzungen eingeplant und betreut werden.

Jeder Flug beginnt mit dem Check-in. Der Pilot loggt seinen Firmen-Laptop an einer speziellen Docking Station ein. „Damit melde ich mich automatisch zum Dienst, sodass die Einsatzzentrale nicht nach mir suchen muss", erläutert er. „Käme ich nur fünf Minuten zu spät, würde sofort ein Ersatzmann aus der Bereitschaft gerufen, um den pünktlichen Abflug nicht zu gefährden." Nach dem Check-in lädt Kopf die aktuellen Firmen-Updates zu Technik oder Arbeitsverfahren auf seinen Laptop.

An langen Briefingtischen voller Computer trifft der Kapitän den SFO (Senior First Officer) und den FO (First Officer). Das Team überprüft die Flugunterlagen: den Streckenplan (Operational Flightplan, OFP), die Nachrichten für Luftfahrer (technische Änderungen an Flughäfen oder Luftstraßen) und die Wettervorhersagen. Dann wird der Sprit bestellt; die Menge

Die Langstrecken-Crew geht an Bord des Airbus A340-600 für den Flug München–Chicago

variiert je nach Flugdauer und Abflugmasse sehr stark. Reserven müssen sein, eine Tonne Kerosin (A1-Jet Fuel) kostet zurzeit bis zu 1.200 Euro pro Tonne. Ruck-zuck sind 139 Tonnen für Los Angeles geoordert und laufen in die Tanks, bevor die Passagiere einsteigen.

Nun ist Cabin Briefing angesagt; in einem anderen Raum trifft die Cockpit-Crew mit den Flugbegleitern zusammen. Deren Chef, der Purser, macht eine Service-Besprechung und überprüft die Notfallkenntnisse seiner Kollegen. „Bei rund 18.000 Flugbegleitern ist es immer wieder verblüffend zu sehen, wen man alles noch nicht kennt," wundert sich Kapitän Kopf. „Oft fliegt man mit Crews, die sich auch untereinander kaum kennen. Man bespricht, was für diesen Flug wichtig ist; Der Kapitän sagt, wie er sich den Ablauf und die Zusammenarbeit vorstellt."

Nach Sicherheits- und Passkontrolle fährt der Crew-Bus zum Flugzeug. „Nun beginnt der Wettlauf mit der Zeit", erklärt Bernd Kopf. „Alles ist genau festgelegt. Wenn keine techni-

Bernd Kopf beim vorgeschriebenen Außencheck am Jumbo

schen oder organisatorischen Probleme auftreten, kommen schon 20 Minuten später die ersten Passagiere." Das Tanken ist beendet, das Flugzeug technisch klar (vielleicht musste zwischenzeitlich ein Reifen gewechselt werden), die Beladung mit Essen und Getränken abgeschlossen und überprüft. Die Flugbegleiter haben alle Not- und Sicherheitsausrüstungen an ihren zugewiesenen Stationen gecheckt. Alles ist auf einen pünktlichen Start ausgelegt – mit minimalem Vorlauf, um möglichst effektiv zu arbeiten.

Inzwischen befinden sich die Cockpit-Vorbereitungen im Endstadium. Ist alles erledigt, werden die Checklisten gelesen. Dann wird die *Clearance* (Freigabe) für die geplante Flugroute über Datenfunk eingeholt, anschließend auch die Anlassfreigabe für die Triebwerke durch den Tower.

Während des Triebwerksstarts wird der Jumbo per Schlepper von der Parkposition zurückgestoßen. Noch eine letzte Klarmeldung nach dem Abkuppeln vom Fahrzeug, dann geht es mit einer weiteren Freigabe zur Startbahn.

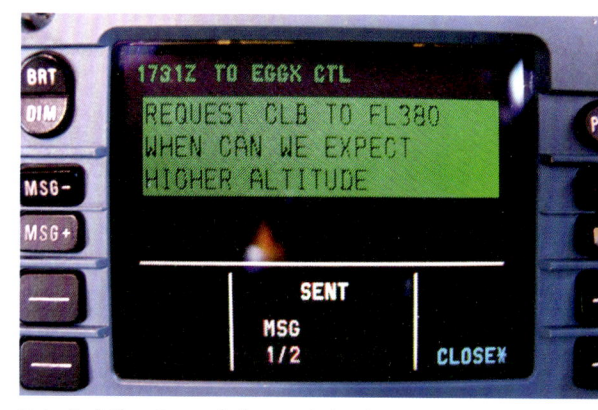

Datenfunk über CPDLC mit dem Nordatlantik-Lotsen: Wann können wir steigen?

„Die Takeoff-Daten werden jedes Mal anhand der aktuellen Umweltbedingungen berechnet und vom anderen Cockpit-Kollegen überprüft", stellt Bernd Kopf fest. „In einem

Zum Rollen kann der Hauptschirm im Airbus A340-600 auf eine Kamera am Bug umgestellt werden

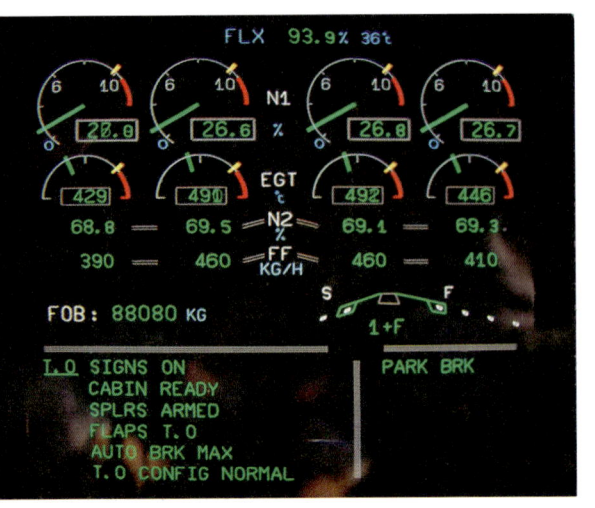

Zentraler Technik-Bildschirm. Hier sind die Triebwerksanzeigen eines Airbus A340-400 zu sehen: Turbinen-Drehzahl, Abgastemperatur, Checkliste und vieles mehr

speziellen Briefing wird die kritische Startphase besprochen." Den Takeoff macht der zum Flug eingeteilte Pilot Flying. „Gas geben" darf nur der Kapitän. Er ist es auch, der gegebenenfalls den Start abbrechen muss. Einheitliche Verfahren und Griffe, die im Schlaf beherrscht werden – das ist wichtig in Situationen, bei denen keine Zeit für Diskussionen bleibt.

In der Luft, nach Einfahren von Fahrwerk und Klappen, entspannen sich die Piloten merklich. Bis zur Reiseflughöhe vergehen noch 30 Minuten oder mehr; bis dahin überwacht die Crew den Luftraum und folgt den Anweisungen des Lotsen. Der Verkehr in der Nähe großer Flughäfen hat stark zugenommen, und trotz der guten Flugsicherung sind Missverständnisse nicht zu 100 Prozent auszuschließen.

Ein Flug von Frankfurt nach Los Angeles dauert rund elf Stunden, davon etwa vier Stunden über dem Nordatlantik. Rund eine Stunde vor dem Anflug beginnt die Cockpit-Crew mit den Vorbereitungen: Karten klarlegen, die Rechner programmieren, Passagieransagen machen. Dann kommt das Anflugbriefing, bei

Nr. 3 zum Start. Warten auf den Takeoff hinter zwei Langstrecken-Airbus-Flugzeugen in München, Startbahn 08 links

dem der Pilot Flying alle wichtigen Details durchgeht – auch ein mögliches Durchstarten.

Nach der Landung ist jede Crew etwas müde. „Zu Hause wäre jetzt später Abend, alle sind mit einer kurzen Ruhepause an Bord über dreizehn Stunden auf den Beinen", meint Bernd Kopf zum Thema Jetlag. „In Los Angeles ist jetzt erst 14:00 Uhr Nachmittag, das Leben ist in vollem Gange." Dem kann sich auch eine müde Crew kaum entziehen; manche gehen shoppen, andere wollen etwas essen, nur wenige früh ins Bett. Vielleicht mietet jemand in der Crew ein Auto fürs Sightseeing; viele der Kollegen werden sich einfach am Pool entspannen. Formlos verabredet man sich zum Frühstück am anderen Morgen.

„Der Arbeitsplatz des Piloten ist die ganze Welt", lacht Bernd Kopf; die Faszination ist dem lang gedienten Fliegersmann noch immer anzumerken. „Renommierte Airlines bringen ihre Crews im nichteuropäischen Ausland normalerweise in Fünf-Sterne-Hotels unter. Das ist ein positiver Nebeneffekt der Langstrecke, genau wie die geringe Anzahl von Flügen pro Monat und die hohe Stabilität der Flugpläne. Piloten arbeiten nach gesetzlich geregelten Arbeits- und Ruhezeiten. Wochenarbeitszeiten von über 50 Stunden sind laut Tarifvertrag möglich, dafür achtet auch der Arbeitgeber darauf, dass sie eingehalten werden. „Passagiere erwarten ausgeschlafene Piloten", erklärt Bernd Kopf. „Von unserer Fitness können Menschenleben abhängen."

Traumjob Jumbo-Kapitän

„Vierzig Jahre in einem wunderschönen Beruf"

Bernd Kopf, Flugkapitän Boeing 747-400 im Ruhestand

Kopf wuchs in der Kleinstadt Lahr am Rande des Schwarzwaldes auf. „Ein Schulfreund brachte mich auf die Idee, Pilot zu werden", erinnert sich der freundliche Mann mit dem Schnurrbart. „Er hatte einen Artikel in der Zeitschrift „Hobby" gelesen und versicherte mir, ich brächte alle Voraussetzungen mit, um mich wenigstens einmal zu bewerben." Kopf folgte dem Rat und machte beim Kranich Karriere: Nach der obligatorischen Copiloten-Zeit wurde er Kapitän auf der Boeing 737 und flog anschließend das langjährige Flaggschiff, die mächtige 747-400. Zwischenzeitlich war Kopf Sprecher der Pilotenvereinigung Cockpit und bewegte im Lufthansa-Auftrag den privaten Jumbo-Jet des Sultans von Oman, „ein in jeder Hinsicht exotischer Job". Der erfahrene Check-Kapitän, ein Gentleman alter Schule, hat viele Piloten ausgebildet – darunter auch den Verfasser dieses Buches.

Langstreckenflugzeug von Air Canada vor dem Aufsetzen in München

LANGSTRECKE

Eine Langstrecken-Fliegerei bedeutet Horizont-Erweiterung: Ob beim Anflug auf Chicago-O'Hare mit seinen gekreuzten Pisten ...

... oder über das dicht besiedelte Hongkong. Während die asiatische Metropole im feuchten Morgenwetter erwacht ...

HORIZONT-ERWEITERUNG

... erwartet die Langstrecken-Crew bei Grönland das frostige Packeis

Jede Nacht – hier im Cockpit eines Airbus A340 – lässt die Spannung auf den nächsten Tag steigen

Alles im Griff: Flugkapitän Andrea Amberge im Cockpit des Airbus A340. Seit Anfang dieses Jahrtausends nehmen auch bei Lufthansa die ersten Frauen als Flugkapitänin auf dem linken Sitz im Cockpit Platz – hier im Airbus A340

Vor rund 25 Jahren eine Sensation, heute Alltag: Frauen am Steuerknüppel großer Verkehrsflugzeuge. Sie haben durchaus Chancen, Familie und Job unter einen Hut zu bringen, denn die Airlines bieten diverse Teilzeitmodelle an

Frauen im Cockpit

FRAUEN IM COCKPIT

Es ist gut zwanzig Jahre her, dass Lufthansa die ersten zwei Frauen als Pilotenanwärter einstellte – damals eine Sensation. Kleinere deutsche Flugbetriebe beschäftigten schon Damen im Cockpit, ebenso ausländische Airlines, zum Beispiel in den USA oder Frankreich. Doch gerade in Deutschland hielt sich das Vorurteil, Frauen seien für den Flieger-Job ungeeignet – angeblich wegen geringerer Körperkraft und Ausdauer, möglicher Kompetenzrangelei mit männlichen Kollegen, mangelnden technischen Verständnisses oder der Pieps-Stimme bei den Ansagen.

„Unsinn", lacht Monika Herr, Flugkapitän auf Boeing 747. „Ich kann nicht verstehen, was da anders sein soll. Im Gegenteil: Ich kriege ständig zu hören, wie angenehm die Arbeit im gemischten Team ist. Auch weibliche Kapitäne müssen mal unbequeme Entscheidungen treffen; wer gut miteinander kommuniziert, wird immer respektiert." Monika Herr ist *Ready Entry Pilotin*. Sie finanzierte die Ausbildung

Frauen-Power im Regional Jet: Flugkapitän Johanna Foitzik (rechts) und ihr Cockpit- und Kabinen-Team

selbst und organisierte alle Stationen, von der kleinen einmotorigen Maschine bis zum Linien-Job im Regionalflugzeug. Ende der 1980er-Jahre bewarb sie sich als Seiteneinsteigerin beim Kranich. „Die Zeiten waren manchmal hart", erinnert sich Monika. „Ich machte die gesamte Flugausbildung neben meinem Hauptberuf." Sie lernte vieles, was nicht in Airline-Schulungsunterlagen stand. „Ich jobbte an den Wochenenden als Praktikantin in einem luftfahrttechnischen Betrieb und erwarb praxisnahes Wissen." Es gab auch Tiefpunkte, denn der Leistungsdruck war enorm. „Ohne die Unterstützung meiner Freunde hätte ich vielleicht aufgegeben," sagt Monika Herr dankbar. „Auf andere Flieger kann man sich wirklich verlassen."

In über 20 Airline-Jahren hat Monika Herr den Berufswechsel nicht bereut, wohl auch Dank der Möglichkeiten, die große Airlines fliegenden Müttern bieten. „Ich kann Teilzeit machen", freut sich die Pilotin. „Die Kollegen in der Planungsabteilung sind sehr kooperativ." Ganz ohne Wermutstropfen geht es aber nicht: „Auf den Flügen ist man abends nicht wieder zu Hause, das erfordert viel Organisation. Mein Mann arbeitet für eine amerikanische Flugzeugfirma und ist noch mehr unterwegs als ich." Auf einer mehrtägigen Tour mit dem „Jumbo" Boeing 747 plagt Monika Herr schon mal das Gewissen; sie vermisst die Kinder. „In Deutschland sind noch nicht so viele Mütter berufstätig, schon gar nicht in einem solchen Job." Nach der Heimkehr ändert sich die Sache schnell wieder: „Ich kann die Zeit mit meiner Familie mehr genießen und mich bewusster mit ihr beschäftigen." Monika Herr ist wegen der Kinder über ein Teilzeit-Modell im Einsatz. Da heißt es fliegen und fachlich fit bleiben. Einmal im Halbjahr geht sie zu einer Lizenz-Prüfung in den Simulator, vor dem sie allerdings „noch immer Lampenfieber" hat. Copilotin Birgit Sommer ging den klassischen Weg aller Lufthansa-Piloten: Sie machte wäh-

Hausfrau, Mutter, Flugkapitän

„Das Lernen hört nie auf."

Monika Herr,
Captain
Boeing 747-400

„Frauen durften früher nicht ins Lufthansa-Cockpit", erinnert sich die Mutter zweier schulpflichtiger Söhne. „Ich hatte mit 16 den Segelflugschein und wurde darum nach dem Abi erst einmal Wirtschaftsübersetzerin." Die junge Frau machte nebenbei auf eigene Rechnung den Berufspilotenschein mit Instrumentenflugberechtigung und die Lizenz für Verkehrspiloten (ATPL). Ihr erster Job als Copilotin war 1989 auf der Fokker 50 bei der DLT, einer Vorläuferin von Lufthansa CityLine. Im selben Jahr wechselte Monika Herr zur Lufthansa und flog als Copilotin auf Boeing 737 und Boeing 747-400. Ende 2002 ging sie ins Kapitänstraining, dann wieder auf die 737-300. Inzwischen ist sie Captain auf der B 747-400/800.

rend des Abiturs den Einstellungstest und saß schon mit knapp 20 in der Bremer Fliegerschule. „Meine Mutter war Stewardess bei Condor", erzählt die junge Frau. „Ich wollte anfangs auch Flugbegleiterin werden." Fernweh hatte sie reichlich – und mit 1,82 Meter Körpergröße keine Scheu vor anderen Flugschülern. „Ich war das einzige Mädel unter 28 Lehrgangsteilnehmern", erinnert sich die Copilotin. „In den USA ist man in Schlaftrakten untergebracht, sogenannten *Dorms*". Da gibt's die Gemeinschaftsdusche: Als Frau hängt man ein Handtuch als Signal heraus, das

Sie fliegt auf Technik

"Piloten können nicht das Handtuch werfen, wenn ein Problem auftaucht."

Birgit Sommer,
Senior First Officer
Airbus A330/340

Bereits als Tochter einer Stewardess geboren, dachte Birgit schon mit acht Jahren an den Pilotenberuf. „Damals wurden die ersten Frauen bei der Lufthansa eingestellt, eine Sensation." Birgit schaffte noch während des Abiturs ihren Pilotentest und landete bei der Kranich-Linie. Die verheiratete Mutter einer kleinen Tochter flog anfangs für die Ferienflug-Tochter Condor Berlin und ist seit 2004 Copilotin auf der Lufthansa-Langstrecke.

wird oft und gern geklaut." Ansonsten sei alles bestens gelaufen, versichert die stets gut gelaunte Biggi, wie ihre Freunde sie nennen. „Ich fühle mich im Männerjob wohl, die Kollegen behandeln mich fair." Im Privatleben gelten fliegende Frauen immer noch als Exotinnen. „Unter den Schulkameraden und Freunden bin ich ein weißer Rabe", nickt Birgit Sommer. „Jeder sieht nur die Schokoladenseiten meines Jobs, nie die Zeitverschiebung und Nachtflüge." Gegen den Jetlag treibt Birgit viel Sport, die Langstreckenflüge machen ihr kaum etwas aus. „Die Cockpit-Kollegen haben meist interessante Geschichten zu erzählen; so gehen acht Stunden Atlantikflug ruck-zuck vorbei." Als Senior-Copilotin vertritt sie während der Reiseflug-Ruhezeit den Kapitän – ein verantwortungsvoller Job.
„Meine Lieblingsziele sind Hongkong und Los Angeles", verrät Birgit. Mit ihrem Ehemann Roland Sommer, einem Langstreckenkapitän, ist sie schon in dessen Copiloten-Zeit lange durch die Welt geflogen; das soll auch nach der Kinderpause weiter gehen. „Gern nehme ich auch meine Mutter mit", ergänzt Birgit Sommer. Ihr Lieblingsflugzeug ist der Airbus A340-600, „weil der so gut in der Luft liegt". Birgit liebt moderne Technik und technisches Spielzeug wie neue Rechner und Handys. „Ich bin halt keine Nostalgikerin", lächelt sie beim Blick über digitale Instrumente und Bildschirme. „Später werde ich wohl Kapitän auf Airbus A320 oder was auch immer die Firma kauft – Hauptsache, was Modernes und nicht gerade Analogtechnik."

Flugkapitän Dagmar Haldenwanger erging es vor ihrer Cockpit-Karriere wie vielen anderen Frauen: Sie wollte eigentlich etwas ganz anderes machen. „Ich fühlte mich im Architekturstudium nicht zu Hause", erinnert sich die hochgewachsene Pilotin. „Eine ganze Weile suchte ich nach einer Ausbildung, die mich richtig forderte." Sie stieß auf die Flugsicherung, bei der viele Frauen im Schichtdienst arbeiten. „Die Lotsen meinten, versuch's doch mal am anderen Mikrofon, im Cockpit bei der Lufthansa", erzählt Haldenwanger. „Das tat ich dann, und überraschend klappte es auch."
Dagmar durchlief die Lufthansa-Ausbildung und landete nach mehreren Jahren Kurz- und Langstrecke auf dem Ferienflieger-Airbus bei Condor; dort sammelte sie die ersten Erfahrungen als Kapitän. Ihr sachliches Resümee: „Linienfliegerei ist durchaus etwas für Frauen. Der Spaß steht und fällt mit den Leuten, mit denen man unterwegs ist. Ist die Crew nett, darf es auch hinter den Ural gehen."
Haldenwanger, mit einem Bremer Arzt verheiratet, entspannt in ihrer Freizeit gern bei der Musik. Sie organisiert private Sing-Treffen oder holt die Querflöte aus dem Schrank – ein Instrument, das ins Flugzeug passt. Wie die meisten ihrer Kolleginnen geht sie ohne viel

Kapitän und Copilot. Dagmar Haldenwanger (links) und Birgit Sommer im Ferienflieger Airbus A320

Aufhebens ihrer „exotischen" Arbeit nach und macht sich nichts daraus, wenn Passanten und Passagiere sie auf dem Weg zur Arbeit interessiert mustern. „Ich brauche in Bremen kein Auto und nehme immer die Straßenbahn zum Airport", berichtet Dagmar Haldenwanger. „An die neugierigen Blicke gewöhnt man sich schnell."

Wie ihre langjährige Kollegin Birgit Sommer hält sie nichts von langatmigen Diskussionen über Frauen im Cockpit. „Wir machen einen normalen Job, in allen Bereichen gibt es herausragende und durchschnittliche Leute, dazu auch ein paar Deppen", lacht sie. „Das Geschlecht spielt dabei keine Rolle, in der Fliegerei kennt ja fast jeder jeden." Dass die zahlenmäßig kaum repräsentierten Pilotinnen naturgemäß nicht so untertauchen können, erwähnt sie nicht – auch nicht die erhöhte Aufmerksamkeit der Passagiere. Wer sich in Reihe 27 eines Ferienjets unter die Mallorca-Gäste mischt und erlebt, wie sie auf die fröhliche Begrüßung eines weiblichen Kapitäns reagieren,

Das Auto bleibt in der Garage

„Ich kam zur Fliegerei wie die Jungfrau zum Kind."

Dagmar Haldenwanger, Captain Airbus A320

Die Wahl-Bremerin („wohne mitten in der Stadt und bräuchte kein Auto") wurde in Weilburg an der Lahn geboren. Nach dem Abitur begann sie ein Architekturstudium, was ihr aber nicht zusagte. Auf der Suche nach einer spannenderen Ausbildung blickte sie sich kurz bei der Flugsicherung um und beschloss, Pilotin zu werden. Nach der Lufthansa-Fliegerschule in Bremen flog sie in verschiedenen Verwendungen als Copilotin und ist heute Kapitän auf Airbus A320, stationiert am Flughafen München.

Vom Kurzstrecken-Job angetan: Flugkapitän Johanna Foitzik vor ihrem Canadair Regional Jet

den kann es grausen. „Eine Frau!" entfährt es einer älteren Sitznachbarin. „Hoffentlich haben wir keine Turbulenzen", hofft der Herr gegenüber. „Ist ja selten, so ein weiblicher Kapitän." Klarer Fall: Auch bei böigem Seitenwind und bockigem Wetter müssen Frauen noch sanfter landen als ihre männlichen Kollegen, das ist schon eine Frage der Ehre.

Johanna Foitzik gehört zur kleinen Gruppe der Seiteneinsteiger (Ready Entries) in den Pilotenberuf. Es dauerte ein wenig, bis sich die temperamentvolle junge Frau nach Seefahrt und anschließendem Brasilien-Aufenthalt als Flugbegleiterin verdingte. In der Flugzeugkabine, mit Blick auf die Cockpit-Tür, dachte sich Johanna Foitzik: „Was die da vorne können, kann ich auch" – und begann auf eigene Faust neben ihrem Stewardessen-Job die Pilotenausbildung.

Sind Frauen im Cockpit Exotinnen? „Bei einigen Airlines und in manchen Ländern auf jeden Fall", nickt die Kapitänin. „Auch bei meiner ersten Firma, das war anstrengend." Im jetzigen Umfeld sei das anders: „Wir haben so viele Frauen im Cockpit, zum Teil mit Zusatzfunktionen als Ausbilderin. Sie haben uns den Weg geebnet, die Arbeit ist heute völlig normal und entspannt. Die Akzeptanz weiblicher Co-piloten und Kapitäne innerhalb der Firma ist groß." Wie die meisten ihrer Kolleginnen hatte auch Johanna Foitzik schon als Mädchen Spaß an Technik, auch wenn typische Männer-Hobbies wie Basteln, PC-Programmieren oder Mofa-Schrauben nicht zu ihren Freizeitbeschäftigungen zählte. Immerhin: Johannas

Flugzeugtyp Canadair CRJ gilt als Rennwagen unter den Airlinern, ist wendig und agil – wie geschaffen für sportliche Pilot(inn)en.

„Als Frau hat man gute Chancen, sofern man sich mit den Besonderheiten des Berufs auseinandersetzt ", erkannte Johanna Foitzik. „Der Dienstplan regelt das Privatleben. Ellenbogen zählen nicht, jeder hat die gleiche Chance und muss bis zur Rente bei den halbjährlichen Checks als Frau oder Mann möglichst konstante Leistung zeigen." Vor der aktuellen Kinderpause hielt sich die zweifache Mutter mit Marathon fit und urlaubte gern in Südamerika – „je ursprünglicher, desto besser". Zum Job stellt sie fest: „Linienfliegerei ist etwas für Frauen, wenn sie die Voraussetzungen erfüllen und bereit sind, diesen Job mit der Familie zu vereinbaren." Was hätte sie anstelle der Cockpit-Laufbahn getan? „Wahrscheinlich Tiermedizin studiert oder wieder die Weltmeere befahren", antwortet Johanna nachdenklich. „Die Seefahrt hat eine ähnliche Faszination wie das Fliegen, es geht nur langsamer zu. Die Seele hat Zeit mitzukommen."

Antalya ist ein typisches Ferienziel, früher oft auf den Flugplänen von Dagmar Haldenwanger und Birgit Sommer

Vom Kreuzfahrtschiff ins Jet-Cockpit

„Fliegen heißt, tolle und interessante Menschen treffen."

Johanna Foitzik,
Captain
Canadair
Regional Jet

Johanna wurde in Kraiburg am Inn geboren. Sie startete mit einer bodenständigen Ausbildung, fuhr auf einem Kreuzfahrtschiff und ging anschließend nach Brasilien. Wieder in Deutschland, packte sie als Flugbegleiterin der Ehrgeiz, im Cockpit zu arbeiten. Sie büffelte nebenbei Theorie, sammelte in den USA Flugstunden und schaffte schließlich den Sprung zu einer Geschäftsfluggesellschaft, wo sie auf Turboprops anfing. Später wechselte Johanna zur Lufthansa Cityline und wurde nach knapp vier Jahren Kapitän auf dem CRJ-Kurzstreckenjet. Sie ist Mutter zweier Mädchen.

Klappe auf: Frachtbeladung auf einem Airbus A330-300

Viele Piloten verbringen Jahre oder Jahrzehnte auf Frachtflugzeugen, bevor sie wieder Passagiere fliegen; andere bleiben ganz bei der Cargo Airline. Das kann durch abwechslungsreiche Strecken abseits der gängigen Hubs durchaus reizvoll sein

Pakete fliegen

PAKETE FLIEGEN

Frachtflieger tauchen in der Presse so selten auf wie Güterzüge; sie haben wenig Glamour. „Umso besser", findet Clifford Smith, Mitte 50 und Airbus-Kapitän in Memphis. Er freut sich, ungestört um die Welt fliegen zu können, wie früher bei der Air Force. „Ist doch egal, ob du dir einen Kampfjet schnappst oder morgens um drei Kisten von Tennessee nach Pittsburgh bringst: Dein Können und deine Entscheidungen bestimmen den Gang der Handlung." Sein jetziges Flugzeug, ein Airbus A310, ist dem US-Amerikaner gerade recht. „Meine erste Französin", grinst er. „Tolle Flugleistungen, angenehme Strecken – so haben es ältere Militärpiloten gern."

Cliffs Arbeitgeber Federal Express hat seine Heimatbasis in Memphis. Dort stehen lange Reihen weißer Jets vor der Startbahn Schlange; die Frachtlinie beschäftigt mehr Piloten als manche große Fluggesellschaft irgendwo auf der Welt. „Mein Bruder Fred ist auch hier", freut sich Cliff. „Er flog vorher Transportflugzeuge bei der Luftwaffe." FedEx-Jets haben meist ein Leben als Passagiermaschine hinter sich. „In Dresden werden zum Beispiel viele der Airbusse entkernt und zu Cargo-Flugzeugen gemacht", erklärt Cliff Smith. Er war einige Jahre als Tornado-Pilot in Jever stationiert und kennt sich in Deutschland gut aus; seine Tochter Melissa ist hier geboren.

Cliff Smith wohnt mit seiner Familie nach diversen Umzügen dicht an der FedEx-Heimatbasis in Memphis. Der Golfplatz liegt so nahe am Airport, dass der Kapitän sogar während

Auf dem Weg zur Startbahn in Frankfurt. Fracht-Jumbo der Gesellschaft Jade Cargo

WELTWEIT MIT FRACHT IM EINSATZ

der Dienstbereitschaft ein paar Abschläge machen kann – der Koffer steht gepackt. Bereitschaftsdienst („Standby") kommt gerade bei „jüngeren" Kapitänen (Cliff hat erst im vierten Jahr den vierten Streifen) öfters vor, alles läuft nach Seniorität wie bei den anderen Airlines. „Als ich anfing, hatte ich manchmal tagelang Standby am Flughafen" erinnert sich Cliff Smith. „Damals wohnte ich in Texas und musste in Memphis, fern der Familie, Dienst schieben." Seit dem Umzug läuft alles wieder stressfrei. „Meine Frau Joanne ist Krankenschwester und ebenfalls im Schichtdienst, mein Sohn Brian wird Fluglotse, Melissa vielleicht fliegende Krankenschwester bei der Air Force." In den USA sind Fliegerfamilien keine Seltenheit.

Abgesehen vom Frachtraum, sind Cargo-Flugzeuge normale Jets mit Standard-Cockpit-Ausrüstung. Piloten erleben beim Umstieg von Passagiermaschinen rein fliegerisch keine großen Überraschungen, aber die Strecken und „Leg-Längen" (Flugzeiten) ändern sich deutlich. Außerdem sind die Dienstpläne etwas instabiler. „Das liegt am Frachtgut", meint Markus Kugelmann, Copilot aus Frankfurt. „Wenn alles drin ist, machen wir die Tür zu und fliegen ab." Keine Passagieransagen, kaum Hektik – dafür müssen Flugzeug und Crew auch mal auf die Ladung warten. „Im komplizierten weltweiten Frachtnetz einer Airline sind Zeitverschiebungen und Planänderungen nicht auszuschließen", erklärt Kugelmann. Er flog vorher einen Regional Jet; das neue Fracht-Leben gefällt ihm. „Die unregelmäßigen Arbeitszeiten haben ihren Reiz. Natürlich ist es problematisch, sein Leben mit dem der Fußgänger zu synchronisieren – da muss man auf viel Verständnis hoffen." Kugelmann hat schon öfter erlebt, dass noch kurz vor Feierabend der Dienst verlängert oder irgendwo eine Zusatz-Übernachtung eingebaut wird.

Der junge Pilot ist stolz, den letzten Dreistrahler zu fliegen. Die McDonnell-Douglas MD-11 ist schon fast eine fliegende Legende,

Vom Jet-Fighter zum Frachter-Kapitän

„Pakete fliegen macht Spaß."

Clifford R. „Cliff" Smith, Captain Airbus A310

Der bullige Ex-Footballer aus Jackson, Michigan, durfte als Junge in einen Luftwaffen-Flugsimulator klettern. Das war's – Smith legte eine militärische Bilderbuchkarriere hin, mit Master-Abschluss, Ausbildung und Fluglehrer-Jobs auf diversen Jets, dazu mehreren Auslandsverwendungen in England, Deutschland und El Salvador. Nach über 20 Jahren bei der Luftwaffe wechselte Cliff als Copilot zu der kleinen Fluggesellschaft Miami Air und flog Boeing 727. Von dort ging er als Second Officer (Flugingenieur) zu FedEx und arbeitete sich über den hinteren Sitz einer DC-10 zum Airbus A300/A310 hoch. Das Langstreckenflugzeug flog er zunächst als Co, seit 2007 als Kapitän.

dabei floppte der Nachfolger der beliebten DC-10 als Passagierflugzeug und wurde massenweise zum Frachter umgerüstet. Besondere Merkmale des Jets: ein riesiges, leises Cockpit mit großen Fenstern (Spitzname: Gewächshaus), sportliche Flugleistungen. Letztere haben ihren Preis: Die hohe Flächenbelastung (viel Auftrieb auf relativ geringer Flügelfläche) bringt hohe Anfluggeschwindigkeiten mit sich, was der Start- und Landebahnlänge Grenzen setzt. „An hoch gelegenen, warmen Plätzen wie Nairobi oder Johannesburg fliegen wir unseren schwer beladenen Flieger schon mal mit 180 Knoten an", erklärt Markus Kugel-

Seefahrt, Ingenieurstudium, Flugschule, Bodenjobs, Pilot

„Irgendwann sitzt du im Cockpit."

Markus Kugelmann, First Officer, MD-11 Lufthansa Cargo

Der Wiesbadener schlich schon als Junge um den Frankfurter Flughafenzaun, wenn Papa mal wieder auf Geschäftsreise musste: „Das internationale Flair und die Flugzeuge begeisterten mich, ich wollte Teil dieses Bienenstocks sein." Von der Marine, wo Kugelmann auf dem Großsegler Gorch Fock zur See fuhr, wechselte er zur Lufthansa-Fliegerschule. Ein Parallelstudium an der Hochschule Bremen verschaffte ihm in der Wartezeit nach der Flugausbildung einen Job beim Bau des Militärtransporters Airbus A400M. Von dort glückte der Sprung zu einer österreichischen Fluggesellschaft. Bevor er schließlich bei der Lufthansa blieb, jobbte Markus Kugelmann noch bei großen Software- und Flugkartenherstellern in der Schweiz und in Frankfurt.

---

nen wiegen." Die zusätzlichen 23 Tonnen lassen sich in Sprit oder Fracht umsetzen.

Das Zahlenwerk ist nur die eine Seite der Fracht: Markus Kugelmann genießt die weiten Reisen. „Mit der MD-11 sehe ich alles außer Australien", freut er sich. „Argentinien, Brasilien, Venezuela, die Holländischen Antillen, die USA, Kanada, Russland, China, Japan oder Kenia – die Liste ist nicht fertig."

Sein Kollege Cliff Smith ist ähnlicher Ansicht. „Auch wenn ich nur Kisten fliege", lacht er, „düse ich oft um die Welt. Neulich verließ ich Chicago auf Westkurs und kam zehn Tage später auf Westkurs wieder an! Wer hätte gedacht, dass man einen tollen Job haben und auch noch gut dafür bezahlt werden kann?"

Markus Kugelmann erklärt, warum die Flugabschnitte (Legs) im Schnitt „nur" sieben Stunden dauern. „Bei uns geht Fracht-Tonnage vor Sprit, daher brauchen wir öfters einen Tankstopp. Am jeweiligen Flughafen muss die Fracht gesammelt werden, bis eine Menge zusammen ist, die sich zu befördern lohnt. Das kann zwei, drei Tage dauern. Im Gegensatz zum Passagierflieger sind wir dadurch bis zu zwei Wochen unterwegs und klappern unterschiedliche Ziele ab." Piloten fliegen Monatspläne ab, die wie bei der „Passage" in Touren unterteilt sind (Umläufe, manchmal auch Ketten oder Rotationen genannt). Jeder Umlauf beginnt und endet an der Heimatbasis, auch wenn Piloten manchmal als Passagiere auf normalen Linienjets an- oder abreisen. Während der Tour werden mehrere Legs geflogen. „Vier sind normal", erzählt Markus Kugelmann. „Es gibt aber auch Leckerbissen wie Frankfurt – Sao Paulo – Fort Lauderdale – Bergen – Lopez/Paraguay – Amsterdam-Frankfurt."

Markus Kugelmann wohnt bei München und „shuttelt" zur Arbeit in Frankfurt. „Kein Problem", winkt er ab. „Die Touren sind lang, dazwischen ist genug Pause für Freizeitgestaltung." Der gebürtige Wiesbadener hat sich in Bayern gut eingelebt. Er genießt die Nähe zu

---

mann. „Macht 333 km/h, also rund 90 km/h schneller als bei anderen großen Jets." Höhere Anfluggeschwindigkeiten hatten nur der F-104 Starfighter oder die mysteriöse SR-71, beides edle Flugzeuge aus dem „Rennstall" Lockheed. Die zulässigen Höchstmassen der MD-11 von Lufthansa Cargo können sich sehen lassen: „286 Tonnen zum Start, 223 für die Landung" listet Kugelmann auf. „ Nur unsere Elfen haben das hohe Landegewicht, die anderen dürfen bei der Landung maximal 200 Ton-

Cockpit der McDonnell-Douglas MD-11. Das dreistrahlige Flugzeug wurde aus der Douglas DC-10 entwickelt und hat ein modernes Glas-Cockpit wie die gängigen neuen Verkehrsflugzeuge

den Bergen und macht gelegentlich Segeltörns auf einem See. An der Ruderpinne kann er an seine Marinezeit auf dem Segelschiff „Gorch Fock" zurückdenken, wo alles begann.

Auf dem rechten Sitz der Langstrecken-Jets gefällt es Markus sehr gut. Er ist so viel in der Welt unterwegs, dass er seinen Urlaub „am liebsten in Balkonien oder am Gardasee auf dem Segelboot" verbringt. Kugelmann, noch ledig, schätzt an der Fliegerei besonders die Herausforderung, „jederzeit flexibel sein zu müssen, sich auf neue Situationen und Menschen einzustellen" sowie die Möglichkeit, „mit Händen und Füßen zu arbeiten, dabei oft blitzschnell nachdenken zu müssen und im Team möglicherweise lebenswichtige Entscheidungen zu treffen". Für schlechte Laune ist kaum Zeit. „Letzte Woche ging es an Bord mal wieder rustikal zu", grinst Markus Kugelmann. „300 Zuchtferkel sollten von Toronto nach Frankfurt; in unserem Flieger hat es gerochen wie im Schweinestall." Bei der Cargo-Fliegerei sind (fast) alle Arten von Fracht ver- treten, darunter Rennwagen und Chemikalien. Manchmal fliegen auch Flugbegleiter mit: wenn zum Beispiel Tierbegleiter für Zuchthengste an Bord sind. „Einer von denen hat schon Vielfliegerstatus", grinst Markus Kugelmann. „Es gibt halt eine Menge Stuten auf der Welt."

Selten gewordenes Frachtflugzeug: Douglas DC-8

Klingt ungewohnt, ist aber nicht unmöglich: Martin Wälti ist Luftwaffen-Reservist in der Schweiz – hier vor einer Pilatus PC-9 der Schweizer Streitkräfte – und sitzt in seinem Hauptjob für die Lufthansa als Copilot im Cockpit

Wer nach jedem Flug in einem anderen Land aussteigt, muss sich nicht als ungeliebter Ausländer fühlen. So geht es auch den vielen „zugewanderten" Piloten, die bei Airlines anderer Nationen Dienst tun

Aliens: Ausländer im Cockpit

ALIENS: AUSLÄNDER IM COCKPIT

Frauen fliegen Verkehrsflugzeuge, daran haben sich die Passagiere gewöhnt. Aber *Ausländer*? Was empfinden Fluggäste, wenn sie eine stark akzentgefärbte Ansage aus dem Cockpit hören?

Bei deutschen Airlines arbeiten Menschen aus zahllosen Nationen in Kabine und Cockpit. Manche haben es seit dem 11. September 2001 bei der Einreise in bestimmte Staaten schwer – wie der nette dunkelhäutige Flugbegleiter aus Berlin, der zufällig mit Vor- und Nachnamen genauso heißt wie der Prophet. Piloten, woher sie auch stammen, benötigen die gleiche Lizenz wie ihre deutschen Kollegen. Einige haben ihren Wohnsitz in der Bundesrepublik. Manche kommen als Seiteneinsteiger (Ready Entries) zur Airline, dienen sich als Copilot hoch oder nehmen den normalen Weg als Flugschüler. Nach kurzer Zeit sind alle in die Firma integriert und machen ihre Jobs wie andere auch. Ein Rest Exotik bleibt; manche Ansagen aus dem Cockpit versetzen die Passagiere auf eine Schweizer Alm, in einen englischen Club oder die Stierkampf-Arena.

Die Fliegerwelt ist noch immer unter zwei großen Luftfahrt-Nationen aufgeteilt. Wer im entfernten Ausland einen Pilotenjob sucht, sollte die US-amerikanischen oder britischen Gepflogenheiten und Verfahren kennen und entsprechende Lizenzen besitzen. Große Teile Asiens sind fast ganz in britisch-australischer Hand, und mit einer US-Lizenz kann man es selbst in Saudi-Arabien versuchen. Die US-Luftfahrtbehörde FAA unterhält in vielen Ländern Büros wie andere Staaten Botschaften. Sie überprüft durch eigene Inspektoren im Gastland die Einhaltung ihrer Vorschriften, beispielsweise für die Ersatzteillagerung in Werften, die US-registrierte Flugzeuge warten.

Es ist nicht immer einfach, einen Cockpit-Arbeitsplatz im Ausland zu bekommen; neben der passenden Lizenz werden meist auch Sprachkenntnisse gefordert. In Frankreich oder Spanien gilt selbstverständlich noch immer die Landessprache als Fliegersprache, während andere Länder „nur" den englischen Funkverkehr vorschreiben. Auch in vielen Firmen wird intern die Landessprache gesprochen. Kaum ein Bewerber für einen Piloten-Job in Skandinavien oder den Niederlanden wird um entsprechende Sprachkurse herumkommen, auch wenn vom Start bis

Nebenjob eines Linienfliegers: Die Schweizer F-5 des Lufthansa-Copiloten Martin Wälti bei einer Luftkampf-Übung

BERUF OHNE GRENZEN

zur Landung nur Luftfahrt-Englisch gesprochen werden sollte.

Roman Thissen arbeitet als deutscher Copilot bei Air France. „Ein guter Arbeitgeber", lobt er. „Wir haben die Möglichkeit, im Laufe unserer Karriere verschiedene Flugzeugmuster kennenzulernen, bekommen ein gutes Gehalt und brauchen uns kaum Sorgen um die Zukunft zu machen." Solche Errungenschaften waren noch vor wenigen Jahren bei allen europäischen Staatslinien eine Selbstverständlichkeit. Inzwischen hat sich manches geändert, manche Traditionsfirmen sind ganz vom Himmel verschwunden.

„Als Junge las ich viele Bücher über die Fliegerei", erzählt Roman Thissen. „Geschichten von Pionieren, Jagdfliegern und Testpiloten von 1914 bis heute." In Frankreich wohnte er dicht an einem Flugplatz und konnte schon als Junge den Privatpilotenschein machen. Der Weg zu Air France führte über eine staatliche Verkehrsfliegerschule. „Die theoretische Ausbildung fand in Toulouse statt", schwärmt Roman. „Eine tolle Stadt, so viele Studenten!"

Fliegen wie Gott in Frankreich

„Flugzeuge haben mich schon immer fasziniert."

Roman Thissen,
First Officer
Airbus A320

Der Sohn eines Aachener Tierarztes wurde 1982 in Hannover geboren und verbrachte über die Hälfte seines Lebens in Frankreich. Nach dem Abitur schaffte er das harte Auswahlverfahren bei Air France und fliegt heute als Copilot den Mittelstrecken-Jet Airbus A320. Vom Wohnort Paris pendelt er ab und zu zu seiner deutschen Familie.

Zwei bis drei Flugschüler waren einem Fluglehrer zugeteilt. Daraus entstanden Freund-

Immer gut drauf: Airbus A320-Captain David Vengadasalam – sein Vater ist Malaysier mit südindischen Wurzeln, die Mutter stammt aus Deutschland

Solche Ausblicke gibt's (hoffentlich) nicht im Airbus-Cockpit: Eine F-5 der Schweizer Luftwaffe, fotografiert von Martin Wälti

schaften, „weil man gemeinsam Neuland betrat". In der Ausbildung waren zehn Flugstunden auf einer Kunstflugmaschine inbegriffen. Zu den Highlights zählte auch ein Flug rund um Korsika in mehreren Etappen, auf dessen Rückweg Roman in Marseille inmitten großer Jets einen *Touch and Go* (Aufsetzen und Durchstarten) mit dem kleinen Schulflugzeug machen durfte. „Wir flogen mit dem gleichen Fluglehrer auch über Spanien nach Mallorca", erinnert sich Roman. „Eine schöne Zeit."

Ist man als Deutscher ein Exot im Franzosen-Cockpit? Roman muss lachen. „Ich lebe ja schon mehr als die Hälfte meines Lebens in Frankreich, und wir haben viele Auswärtige in der Firma, darunter Dänen, Schweden und Belgier. Als Ausländer ist man unter 4.000 Air-France-Piloten nicht so anonym, das ist auch ein Vorteil." Die praktische Cockpit-Arbeit unterscheidet sich kaum von der in anderen Ländern. Auch hier gibt es vier Simulator-Ereignisse pro Pilot und Jahr, eine europäische Lizenz, einheitliche Verfahren und Flugzeuge, die mit denen anderer Länder bis auf Firmenoptionen baugleich sind. Roman Thissen fliegt als Copilot den Airbus A320, „unser einziges Einstiegsmuster". Später könnte er auf eine Boeing 777 oder einen Airbus A340 wechseln, bevor er seine Karriere als Kapitän – ganz wie bei den großen Airlines anderer Staaten – auf „Schmalrumpf-Typen" wie dem Airbus A320 fortsetzt. „Bei Air France wird im Cockpit natürlich französisch gesprochen", erwähnt Roman. „Das hat manchmal kuriose Folgen: Die in Frankreich gebauten Maschinen haben englische Cockpit-Anzeigen und Beschriftungen, unsere Handbücher werden vom Englischen wieder ins Französische übersetzt." *Vive la difference.*

Roman ist mit seiner Berufswahl rundum glücklich. „Schade, dass ich noch so jung bin", sinniert er. „Ich werde nicht mehr Concorde fliegen, auch nicht den Jumbo-Jet, der bei uns gerade aus Altersgründen abgeschafft wird."

Dem Schweizer Lufthansa-Copiloten Martin Wälti geht es ähnlich wie Roman; auch er sitzt als Ausländer im Airbus, allerdings in Deutsch-

BERUF OHNE GRENZEN

land und auf Langstrecke. Martin begann schon als Jugendlicher mit der Fliegerei. „Mit 17 Jahren kam ich zum Segelflug", berichtet er. „Später bewarb ich mich zur fliegerischen Vorschulung, das ist ein Auswahlprogramm für zukünftige Zivil- und Militärpiloten." Wälti ging zur Schweizer Luftwaffe, wo als Pilotenanwärter auf BAE HAWK für ihn zunächst Schluss war. „Ich machte eine Ausbildung zum Radar- und Navigationsoperator auf der Northrop F-5F, flog mehrere Jahre im Luftkampf." Eine Reservistentätigkeit beim Militär, neben dem Zivilberuf – was für deutsche Ohren exotisch klingt, ist für Schweizer Bürger normal. Wälti war inzwischen bei Swissair tätig, wo er nach seiner Ausbildung zum Linienpiloten den Airbus A320 flog. „Kurzstreckenflüge, Nachtstopps in ganz Europa", denkt Martin Wälti zurück, „der Eintritt in diese für Außenstehende doch etwas verrückte Welt hat bis heute nichts an Faszination verloren."

Mit der Swissair-Pleite wurde dem dienstjungen Copiloten gekündigt. Er hatte das Glück, Anfang 2003 auf die Mittelstrecken-Airbustypen A300-600 und A310 zur Lufthansa wechseln zu können. „Kulturell war es schon eine Umstellung von der Schweiz nach Deutschland", räumt Martin Wälti ein und lächelt. „Ich glaube, beide Seiten haben den Wechsel ohne Schaden verkraftet." Wälti ist in München auf dem Airbus A340 stationiert, wo auch andere Schweizer arbeiten. Einige haben Luftwaffen-Erfahrung wie er, darunter Kollegen mit Deutsch oder Französisch als Muttersprache. Mit ihnen kann er nach Herzenslust fachsimpeln, wenn es um „Airborne Radarstörer" (fliegende Systeme der elektronischen Kampfführung) oder die heimische Flugabwehr geht. Wälti ist in seiner Heimat als Operateur auf dem Fighter F-5F und der Pilatus PC9 eingesetzt, Aufgaben, die er gut mit der Lufthansa-Copilotentätigkeit vereinbaren kann. Heute mit dem Airbus A340 nach Los Angeles, ein paar Tage später mit dem Luftwaffen-Jet durch die Schweizer Alpen: Das Schicksal könnte härter zuschlagen. „Die Kulisse der Berge ist einfach unbeschreiblich schön", findet Martin Wälti. „Die Belastung im Kurvenflug ist hoch, aber die Eindrücke entschädigen mehr als genug."

Wälti lebt nach wie vor in der Schweiz. „Ich durfte mein Hobby zum Beruf machen", freut er sich. Wenn er mitsamt seiner Crew, darunter immer öfter Kollegen aus Österreich, Italien, der Schweiz oder Südamerika, irgendwo auf der Welt auf die Passkontrolle wartet, passiert oft etwas Lustiges. *„The Germans are coming"*, ruft der Pilot einer fremden Airline aus der Schlange hinter ihm. Martin Wälti grinst dann breit zurück und winkt mit dem Schweizer Pass. „Als Flieger ist man immer irgendwo zu Gast", weiß er. Jede Woche mutiert der Pilot zum Alien.

Vom Schweizer Kampf-Jet ins deutsche Linien-Cockpit

Martin Wälti,
First Officer
Airbus
A330/340

Geboren in Liestal (Hauptort des Kantons Basellandschaft/Schweiz machte Martin Wälti Segelflug, flog als Reservist bei der Schweizer Luftwaffe und absolvierte bei der damaligen Swissair eine Ausbildung zum Linienpiloten. Durch den wirtschaftlichen Niedergang der Firma wurde dem jungen Copiloten gekündigt. Er ging zur Lufthansa, flog zunächst aus Frankfurt, dann in München.

*Kurz vor dem Aufsetzen.
Airbus A340-600 an der
Landebahn 10 in Chicago*

Egal, wohin der Flug auch geht und wie lange er dauert: Erst im Anflug und bei der Landung zeigt sich, ob die Wettervorhersage wirklich stimmte und wie die Piloten mit ihrem viele Tonnen schweren Verkehrsmittel umzugehen verstehen

Die letzten Meter

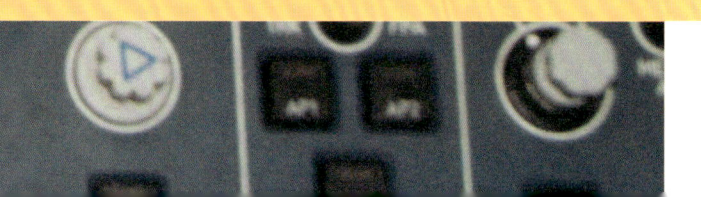

DIE LETZTEN METER

Nicht nur leichte einmotorige Flugzeuge, auch dicke Linienmaschinen werden (meist) von Hand gelandet. Auf den letzten Metern vor dem Asphalt zählt Fingerspitzengefühl.

„Fifty!" giftet die Computerstimme. Noch fünfzig Fuß, also 15 Meter Höhe über dem Boden – ich starre fasziniert durch das Guckloch im Teppichboden auf die näherkommende Erde. Durch das kleine Schaufenster irgendwo in der Mitte der Kabine unserer leeren Boeing 737-300 kann ich erkennen, dass alle Räder verriegelt sind. Ich bin ganz allein hier hinten; dies ist ein Trainingsflug für künftige Copiloten. Wir kreisen über dem heißen Dubai Airport, mein Kollege ist gerade dran und dreht eine Platzrunde nach der andern. Ich habe Pause.

Schrabamm! Der Flieger rastet ein. Die Triebwerke heulen auf, die nächste Runde ist meine. Also ab ins Cockpit, wo schon das Schwungrad für die Trimmung laut ratternd rückwärts dreht wie bei Omas Nähmaschine. Im Gegenanflug parallel zur Landebahn teste ich das Gefühl, ein leeres Verkehrsflugzeug zu steuern. Bis jetzt war ich nur im Simulator; dies ist die Feuertaufe. Klappen, Fahrwerk, Klappen, Eindrehen zur Landung: Thermik packt die Drei-Sieben wie eine einmotorige Cessna, die Fahrt läuft mir davon. Also etwas Schub raus, dann volle Klappen. „40 Prozent Power", murmelt Christian, der Ausbilder. „Mindestens." Turbinen brauchen Drehzahl, um fürs Durchstarten genug Schwung zu haben. Wir sind immer noch zu schnell; die Speed will nicht abbauen. Ich komme ins Schwitzen – der ver-

Nächtliche Landebahn-Befeuerung auf einer kanarischen Insel. Das Foto wurde vom Boden aus gemacht, darum zeigen die Gleitweg-Lichter links und rechts der Bahn viermal rot („zu tief")

Vor der Landung in Boston: Jetzt müssen Geschwindigkeit, Sinkrate und Gleitweg stimmen

dammte Flieger soll auf drei Grad Sinkflugwinkel bleiben, *Target Speed* und nicht mehr als 1.000 Fuß pro Minute Sinkrate (entspricht rund 300 Meter pro Minute oder fünf Meter pro Sekunde) draufhaben, 300 Meter hinter der Landebahnschwelle ist Aufsetzen angesagt. Jetzt die Nase gerade, gleich kommt die Bahn. „*Fifty!*" ruft der Computer, es klingt noch etwas zynischer. In zwanzig Fuß ziehe ich und nehme die Schubhebel nach hinten. Zu früh: Die Drei-Sieben schwebt über die Bahn und setzt weich, aber reichlich spät auf. „Hingeschummelt", grinst der Käpt'n und schiebt die Gase zur nächsten Runde rein.

17 Jahre später treffe ich meinen Copiloten-Kollegen von damals, inzwischen auch längst Kapitän, am Flughafen wieder. Wir denken an die Platzrunden in flirrender Wüstenluft. „Technisch hat sich ja inzwischen nicht viel getan", meint er. „Wenn kein Nebel ist und der Autopilot fliegt, guckst du immer noch auf die Instrumente und ziehst nach Erfahrung am Knüppel." Stimmt: Trotz Glas-Cockpit und Fly-by-Wire-Steuersystemen landen Piloten noch von Hand wie die Gebrüder Wright. Kurs, Fahrt und Sinkrate sind das, was zählt, genau wie vor 100 Jahren. Fluggäste erwarten weiche Landungen, Piloten wollen sicher und „technisch sauber" aufsetzen. Insider wissen: Das ist nicht unbedingt das Gleiche.

„Landen, das ist Handwerk und Gefühl", ist sich ein anderer Kollege sicher. „Je schwerer der Flieger, desto besser klappt die Landung." Das stimmt – und jeden Anfänger erstaunt die Gegenprobe: Ein fast leerer 200-Tonnen-Jumbo segelt, wenn man nicht aufpasst, wie ein Herbstblatt über die Bahn. Gerade bei viel Masse zählt die Sinkrate im Endanflug; sie wirkt sich bei schweren Flugzeugen stark aus. Wer einen dicken Brummer durchsacken lässt, kann sich auf sattes „Einparken" gefasst machen. Nicht umsonst sollten auf dem Endanflug nur maximal 1.000 Fuß pro Minute Sinkrate geflogen werden, damit solche Kontrollprobleme gar nicht erst auftreten. Darüber hinaus ist vorgeschrieben, in 1.000 Fuß (300 Me-

DIE LETZTEN METER

Mit 180 Knoten um die Kurve. Der große Airbus A340 dreht in den Endanflug zur Landebahn 10 in Chicago ein

ter) über Grund „*established*" zu sein: genau auf Landekurs und Gleitpfad, mit korrekter Klappenstellung und Geschwindigkeit.

Fluganfänger lernen: Gute Landungen sind kein Zufall, sondern die Folge stabiler Endanflüge. Es gibt wohl keinen Piloten, der nicht schon einmal zu früh, zu spät oder unzureichend abgefangen hätte. Ausbilder versuchen, den Azubis die üblichen Schummeleien auszutreiben: mit einem Rad nach der Bahn zu „fühlen", mit etwas mehr Fahrt die weiche Landung zu erreichen, bei kurzen Bahnen unter den Gleitpfad zu gehen, um ein paar Meter Landebahn rauszuholen. Sonst ist selbst die applausträchtigste butterweiche Landung (Amis sagen: *Grease Job*) nur konzeptloses Gewurschtel.

Wie bekommt man den richtigen Blick für die Geometrie, woran erkennt der Pilot, wann er ziehen muss? Dröselt man den Lande-

vorgang auf, erkennt man ein ständiges Beobachten und Reagieren. Die Wissenschaft bezeichnet das Mensch-Maschine-Team als *kybernetischen Regelkreis*. Klingt irgendwie nach Atomkraftwerk, bezeichnet hier aber den Vorgang „Fliegen". In dem auch „soziotechnisch" genannten System *Flugzeug* vergleicht der Pilot laufend den Soll- und Istzustand des Fluges im Cockpit. Als Anfänger, so erinnert sich mein Kollege Jürgen, habe er noch „wie ein Frettchen" auf die Instrumente gestarrt; im Training lernte er, die Zeigerausschläge richtig zu interpretieren. Abweichungen von den Standardwerten fallen ins Auge: ein paar Kommandos an die Muskeln, und der gewünschte Flugzustand ist wieder hergestellt. Das Überwachen und Nachregeln nennen wir „Fliegen", als ob unsere Muskeln direkt mit den Rudern verbunden wären. Die Kybernetik hat ihre Grenzen, technische und menschliche – zum Beispiel lässt die Aufnahmefähigkeit des Piloten („Kapizität") unter Belastung nach wie die jedes Menschen.

„Erfahrung und Faustwerte machen viel aus", sinniert Kollege Christian. „Zum Beispiel: drei Grad Gleitpfad." Dieser Standardwert für den Anflugwinkel ist auf der Festplatte im Pilotenhirn förmlich eingebrannt. Nach Abertausenden von Anflügen hat jeder die Geometrie von Bahn und Horizont abgespeichert; der Mensch ist halt ein Gewohnheitstier.

Mit der Erfahrung kommt die Erwartung: Piloten haben eine Standard-Landebahn im Kopf: rund 2,5 Kilometer lang, 45 Meter breit, topfeben, mit Norm-Beleuchtung, Instrumentenanflug und leichtem Gegenwind. Oft ist es auch so, dann sieht besonders nachts Leipzig wie Stuttgart, Bremen wie Paderborn aus. Doch es gibt auch andere, anspruchsvollere Plätze. Der ehemalige Ferienflieger Oliver Schulze legt seine Stirn in Falten: „Neapel ist so ein Fall. Schon der erste Teil des Anflugs führt über hohes Gelände, man wird immer sehr spät runtergelassen." Ja, die Topografie: An Plätzen wie Neapel sollte man sich nicht im Nebel verfranzen, sonst steht man am nächsten Tag im *Corriere della Sera*. Dabei ist der Platz

Copilot Oliver Schulze macht eine Passagierdurchsage vor dem Anflug

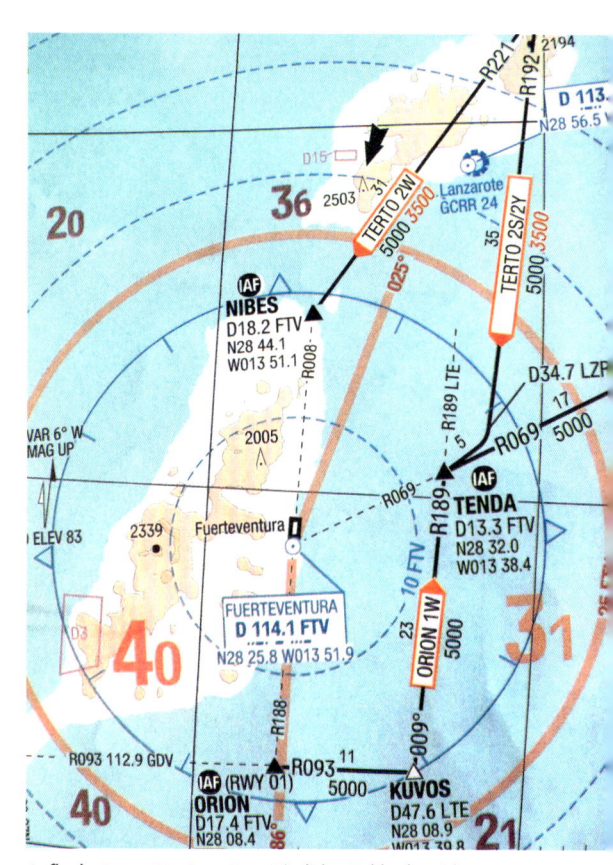

Anflugkarte von Fuerteventura. Die dicken Zahlen bezeichnen die Sicherheitsmindesthöhe in 100 Fuß (etwa 30 Meter)

nahe des Vesuvs keineswegs unsicher, er entspricht nur nicht den Idealvorstellungen der Piloten. Die Freigabe zum Sinken dauert wegen der Hindernisse etwas länger, dann geht es zur Sache: Der Sinkflug auf dem Leitstrahl ist mit 3,3 Grad etwas steiler als gewohnt, die Gleitweglichter an der Bahn zeigen denselben krummen Wert, sodass man mit schwerem Flieger der italienischen Erde rasch näher kommt. Die Bahnschwelle – sonst ein guter Schätzpunkt zum Abfangen – ist um 190 Meter nach hinten versetzt. „Das ist kein Problem", meint Schulze, „doch dann steigt die Runway wieder ziemlich steil an." Wenn man vor dem Aufsetzen nicht rechtzeitig zieht, rummst es; zieht man zu früh, schwebt der Flieger ewig

Ferienflugplatz Santorini. Die Bahn ist kurz und schmal, der Flughafen ist von Hindernissen umgeben

über den Asphalt und überfliegt den vorgesehenen Aufsetzbereich und man muss durchstarten.

Anflugkarte von Santorini. In einer Kurve geht es zur engen Landebahn

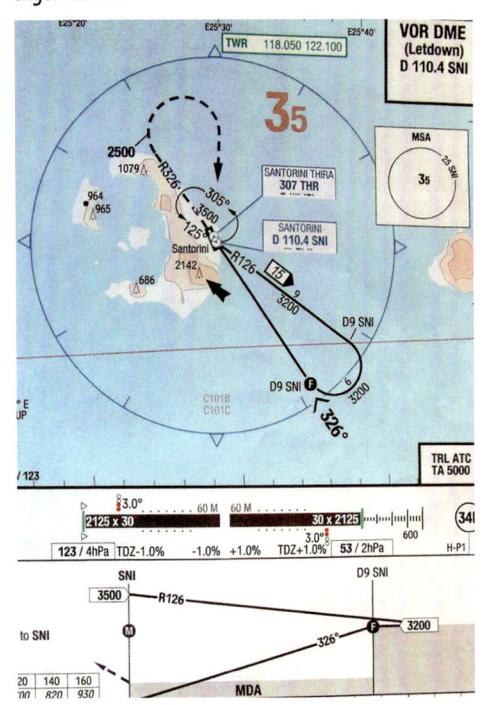

Ungewohnte Anflugoptik gibt's auch in Heraklion auf Kreta. Der Flugplatz liegt auf einer Klippe rund 25 Meter über dem Meeresspiegel. Auch hier beträgt der Anflugwinkel 3,3 Grad, die Anflugbeleuchtung zeigt aber nur trickreiche drei Grad. Zur Peilung dient ein altertümliches VOR-Funkfeuer ohne präzisen Landekurs und Gleitpfad wie beim Instrumentenlandesystem. Zum Aufsetzen gehts leicht bergauf, nach einem Buckel wieder runter. Winde sorgen vor dem Aufsetzen für Verwirbelung. Als besonders anspruchsvoll gelten in Europa die Plätze London City (5,5 Grad Sinkflugprofil) und Innsbruck mit stolzen 6, 7 Grad – hier können nur wenige dafür zugelassene Airliner und Crews landen.

„Die Insel Santorini ist immer gut für optische Täuschungen", berichtet die Copilotin Anja Schmidt. „Die Bahn ist dort 30 statt 45 Meter breit, mit gut zwei Kilometern relativ kurz und steigt stark an. Wegen der Hindernisse kann man den Platz nicht direkt anfliegen und landet nur nach Sicht aus einem sehr, sehr kurzen Endteil." Schmale Bahnen haben eine ungewohnte Perspektive, die das Höhengefühl durcheinanderbringen kann. Das Hirn ordnet Länge und Breite einer Bahn bestimm-

ANFLUG UND LANDUNG

ten Flughöhen zu, die Standardwerte sind (siehe oben) ja im Kopf abgespeichert. Auf schmalen Plätzen wie Santorini glaubt man daher, deutlich höher anzufliegen – wer nicht aufpasst, zieht zu spät, und das Flugzeug setzt hart auf. Dagegen hilft nur Kartenstudium und gutes Briefing, außerdem sollte man jede verfügbare Distanz-Anzeige zur Bahn nutzen. Zehn Meilen vor dem Aufsetzpunkt entsprechen bei einem Drei-Grad-Sinkflug etwa 3.000 Fuß Höhe, mit rund 300 Fuß pro Meile geht's bergab. Platzfunkfeuer stehen dummerweise oft nicht da, wo sie hingehören, nämlich direkt am Airport. „Da muss man halt eine andere Distanz-Anzeige nehmen, zum Beispiel vom GPS, um den Sinkflug überprüfen zu können", meint Anja Schmidt.

Es gibt kein Patentrezept für Landungen, die Handbücher sind aber voller Empfehlungen. Piloten lernen schon auf leichten Flugzeugen, bei Seitenwind eine Fläche „hängen" zu lassen und vor dem Aufsetzen ins Ruder zu treten. Diese Technik, übertrieben angewandt, kann auf großen Düsenflugzeugen ein Triebwerk kosten – wenn der Flügel beim „Geraderichten" den Boden schrammt. Dort wirkt das Seitenruder besser als bei den Kleinen, und die Masse ist beträchtlich. Große Flieger können auch bei stärkerem Seitenwind schräg anfliegen und in dieser „Krebs"-Haltung aufsetzen, ohne anschließend in den Acker zu rollen. Gerade bei nassen Bahnen kann das von Vorteil sein; im Normalfall aber wird die Nase „gerade gezogen".

Beim Landen zählen nicht allein Schätzung und Erfahrung. Zum „Ausloten" der genauen Höhe dient der Radiohöhenmesser; er misst unbestechlich die letzten Meter unter der Flugzeugnase. Solche Geräte sind als Teil des Landesystems mehrfach an Bord vorhanden; man braucht sie besonders bei automatischen Nebel-Landungen mit Autopilot. Die Computerstimme zählt die Fuß-Angaben bis zum Aufsetzen runter: „One thousand", „Four hun-

Copilotin Anja Schmidt am Steuer eines Urlauber-Jets vom Typ Airbus A320

dred" und so weiter, die letzten dann in Zehner-Schritten. Früher klang die Stimme weinerlich, heute männlich-herablassend, mit britischem Akzent. Ich mag den Briten: Sein „One thousand" klingt so lässig, als werfe er gerade 1.000 Pfund auf den Kartentisch.

Kurzstrecken-Airbus der Iberia vor der Landung in München

DIE LETZTEN METER

„Du entscheidest, ob du in 30, 20 oder zehn Fuß zu ziehen anfängst," meint Anja Schmidt. „Es gibt keine Musterlösung." Sinkt der Flieger schneller – mein Brite sagt dann flinker als sonst die Höhen an – muss man vermutlich auch früher oder beherzter abfangen; der nichtfliegende Pilot nimmt sonst unbewusst die Füße hoch.

Geht bei dickem Nebel per Hand nichts mehr, sind die Autopiloten dran: Es wird automatisch gelandet und ausgerollt. Der Copilot ist bei automatischen Landungen Systembeobachter; der Kapitän entscheidet an einer festgelegten Höhe über Landung oder Durchstarten. Der Rest ist Kybernetik zum Zuschauen: Das System rechnet, vergleicht und tastet sich von oben an die Bahn. Dem Piloten dämmert, wie gut er selbst jedes Mal diese *asymptotische Annäherung* an die Bahn hinkriegt, die der Automat gerade nachahmt. Eine automatische Landung ist meist etwas fester als von Hand und nur an bestimmten Plätzen möglich, nach festgelegten Verfahren und auf dazu ausgerüsteten Flugzeugen. Die brauchen zum Beispiel eine automatische Schubregelung und werden auch noch nach der Landung vom ILS-Landekurs auf der Bahn gehalten – man muss schon den Autopiloten abschalten, um zum Parkplatz rollen zu können.

Technik hin, Erfahrung her – jede Landung ist die Visitenkarte eines Piloten. Noch nach Jahren erinnern sich Beteiligte an ein hartes Aufsetzen, die hämischen Kommentare der Gäste und Kollegen: „Zum Glück alle Teile innerhalb des Zauns", „Wir sind angekommen", „Gut, dass ich den Gebissschutz drin hatte".

Auch alte Kapitäne – niemand ist perfekt – „versenken" zwischendurch einen Flieger. Es erwischt Führungskräfte, Ausbilder, Chefpiloten genau wie die jungen Nachwuchsflieger. Nach jedem „Rumms" ist es totenstill im Cockpit. „Diese peinliche Stille", lacht Copilot Markus Kugelmann, „ist ein Phänomen auf allen Fliegern rund um den Globus."

Gleich sitzt er – ein Airbus der irischen Fluggesellschaft Aer Lingus kurz vor der Landung

ANFLUG UND LANDUNG

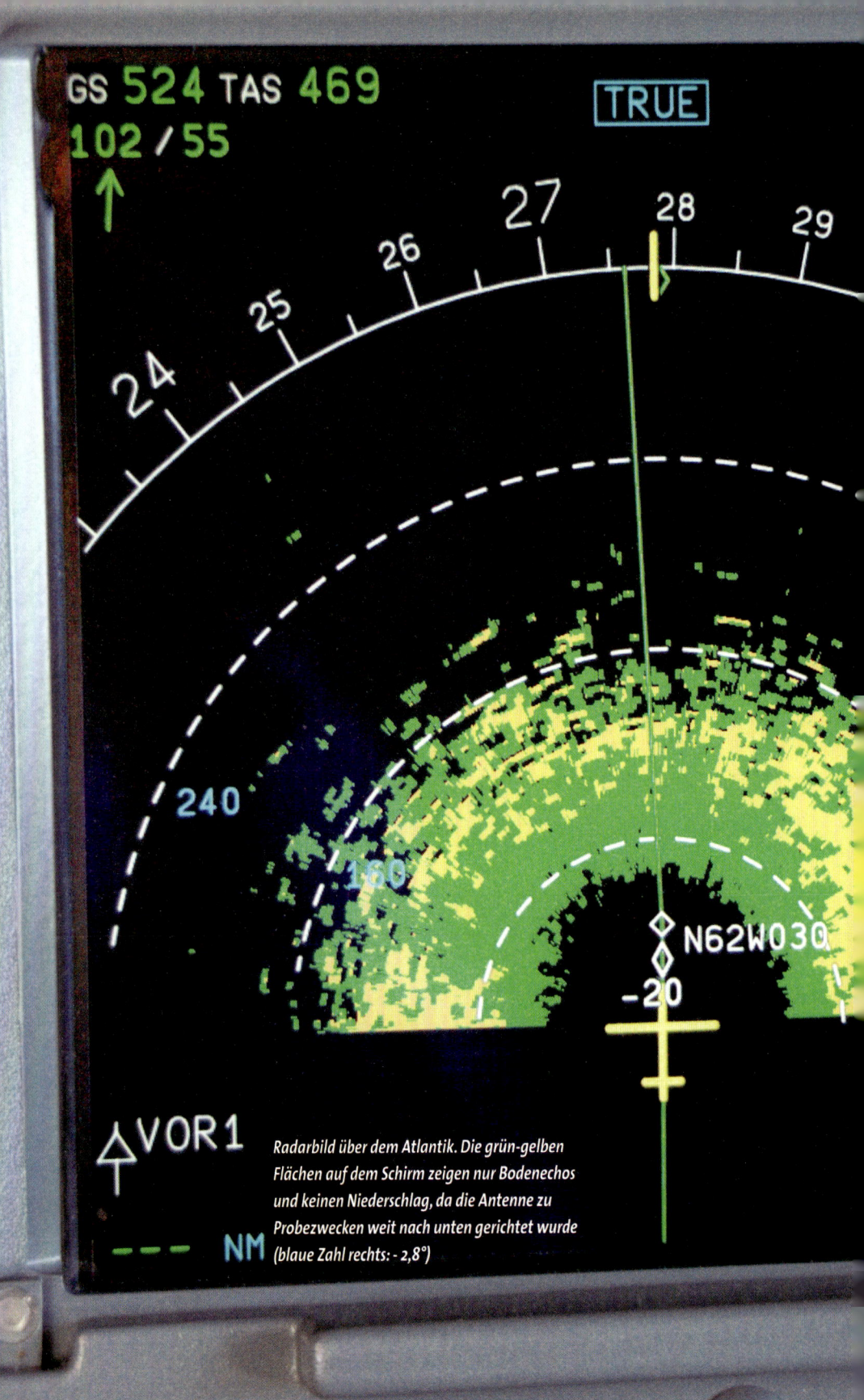

Radarbild über dem Atlantik. Die grün-gelben Flächen auf dem Schirm zeigen nur Bodenechos und keinen Niederschlag, da die Antenne zu Probezwecken weit nach unten gerichtet wurde (blaue Zahl rechts: -2,8°)

Es gibt nur ein wirklich zuverlässiges Mittel, an aktiven Gewitterzellen und dicken Wolkenbänken vorbeizukommen: Radar. Mit dieser altbewährten Technik ist sicheres Fliegen in allen Wetterlagen möglich

Radar

Unsere Sinnesorgane sind nicht fürs Fliegen gemacht. Piloten könnten bei Nacht und in den Wolken ohne Instrumente nur für Sekunden die Fluglage halten; ohne technische Hilfe ist es schwierig, die Annäherung anderer Flugzeuge korrekt abzuschätzen. Wind kann man nicht sehen, bestenfalls Turbulenzen spüren. Richtig schwierig wird es im Wetter, wenn Regen und Schnee die Sicht herabsetzen und Gewitter umflogen werden sollen.

Aus solchen Gründen sind alle Verkehrsflugzeuge mit viel Sicherheitstechnik ausgestattet. Eines der ältesten Hilfsmittel ist das Radar, eine Abkürzung für *Radio Detection and Ranging* (Auffassung und Distanzmessung mittels hochfrequenter Wellen). Radarsignale bestehen aus Ketten von Rechteck-Impulsen auf einer Sinus-Trägerwelle, sie werden von Objekten wie Wassertröpfchen reflektiert und wieder aufgefangen. Über die Laufzeit der Echos wird die Entfernung berechnet, Computer erzeugen

Die FLAT-PLATE-Antenne eines Business-Jets

Radarschirm-Bilder im Cockpit. Die hochfrequenten Radarwellen sind vertikal oder horizontal ausgerichtet, ein Wechsel der Polarisationsebene verändert die Auffassung und Darstellung. Regen lässt sich gut durch sogenannte Kreis-Polarisation abbilden. Die Sendefrequenz bestimmt die Durchdringung des Radarstrahls; niedrige Frequenzen bohren sich sogar durch Felsen und Erdreich.

Als geistiger Vater des Radars gilt Christian Hülsmeyer (1881–1957) aus dem niedersächsischen Eydelstedt südlich von Bremen. Er wurde in jungen Jahren Augenzeuge einer Nebelkollision von zwei Weserschiffen. Hülsmeyer, Physik-Tüftler und angehender Lehrer, warf Schulkreide und Schwamm hin und beschloss, Warngeräte gegen Schiffszusammenstöße zu konstruieren. Schon Heinrich Hertz hatte im Jahre 1887 erkannt, dass bestimmte Stoffe elektromagnetische Wellen durchlassen oder reflektieren. Hülsmeyer testete diese These an Schiffen; von der Kölner Hohenzollern-Brücke machte er Versuche mit einem neuartigen Sende-Empfänger, den er „Telemobiloskop" nannte. Sobald ein Rheindampfer in den Bereich des Geräts kam, klingelte eine Glocke – eine Art Radar ohne Schirm. Am 30. April 1904 wurde die Erfindung beim kaiserlichen Patentamt unter der Nr. 165 546 aufgenommen. Hülsmeyer war nun offizieller Urheber eines Verfahrens, *„entfernte metallische Gegenstände mittels elektrischer Wellen einem Beobachter zu melden"*; dazu wurde ihm auch ein Patent zur Entfernungsmessung erteilt. Weitere erfolgreiche Versuche folgten, doch die kaiserliche Marine, potenzieller Kunde für ein solches Warngerät, erkannte die militärische Bedeutung des Patents nicht und winkte ab. Die „Telemobiloskop-Gesellschaft Hülsmeyer und Mannheim" erlitt kommerziellen Schiffbruch; der Erfinder nahm am späteren Radar-Boom nicht mehr teil.

Heute wird Großbritannien und den USA die Erfindung des Radars zugeschrieben; wie beim Telefon, der Schallplatte, dem Jet-Triebwerk und vielen anderen technischen Errungenschaften geraten die wahren Schöpfer schnell in Vergessenheit. Hülsmeyers Telemobiloskop wurde 1904 in England patentiert; der spätere „Radar-Papst" Sir Robert Watson-Watt entwickelte die Idee der Strahlenreflektion und Entfernungsmessung weiter. In Deutschland baute Dr. Hans E. Hollmann von der Universität Darmstadt im Jahre 1927 den ersten Ultrakurzwellen-Sende-Empfänger für Zentimeter- und Dezimeter-Wellen. Sein „Funkmessgerät" für Schiffe wurde im Herbst 1934 vorgestellt und hatte eine Reichweite von zehn Kilometern. 1935 konnten deutsche Radargeräte ein Flugzeug auf fast 30 Kilometer Entfernung auffassen.

Radarbild an der Startbahn Jerez de la Frontera (XRY) vor dem Takeoff am 18. November 2005. Richtung Osten erscheinen einige Regen-Echos

Der Zweite Weltkrieg brachte einen technischen Wettlauf zwischen den wichtigsten „Radarmächten" England und Deutschland. Großbritannien baute seine *„Chain Home"*-(CH)Radarkette zur Luftverteidigung auf, die während der Luftschlacht über England gute Dienste gegen deutsche Flugzeuge leistete. Deutschland konzentrierte sich auf große und leistungsfähige Radargeräte der Typen „Würzburg" oder „Freya". „Würzburg" hatte eine

RADAR

Radartestbild in einem Geschäftsflugzeug. Je nach Stärke des Niederschlags erscheinen Wetter-Echos in Grün, Gelb, Rot oder Purpur

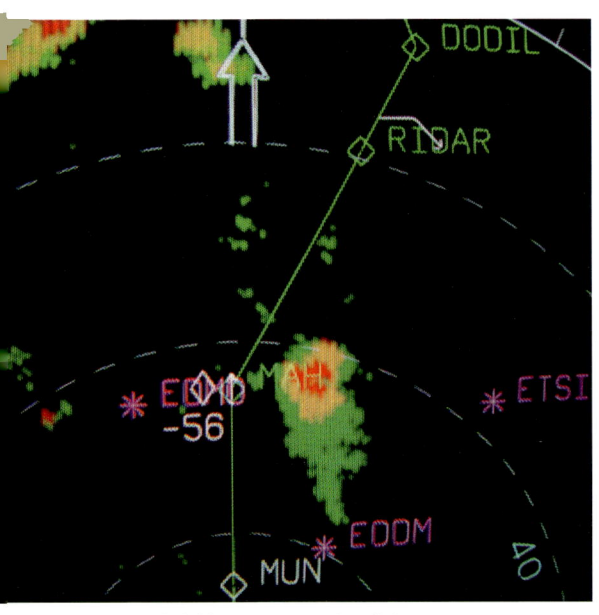

Radarbild von einem Gewitter bei Stuttgart

Drei-Meter-Parabolantenne und eine Reichweite von 35 Kilometern; das Luftraum-Frühwarngerät „Freya" (*FuMG 39G*) ortete schon 1938 Flugzeuge in 60, später in 120 Kilometern Entfernung.

Es dauerte lange, bis ein Bordradar (freilich nicht zur Wettererkundung) in ein deutsches *Ju-88*-Kampfflugzeug eingebaut wurde; erst die Erfindung des *Magnetron*-Hochfrequenz-Oszillators machte kleine, leistungsfähige Radargeräte möglich. Das „Lichtenstein"-Radar von 1942 arbeitete auf zwei Meter Wellenlänge. Sein Trägerflugzeug schleppte die gewaltige Antenne wie ein Hirschgeweih vor sich her; entsprechend niederschmetternd war der Luftwiderstand.

Heute sitzen Radarantennen in den schnittigen Rumpfnasen der Flugzeuge; Gewicht und Kosten zählen. Zivile Bordradars werden

SICHER DURCH DAS WETTER

Eine FLAT-PLATE-Radarantenne der Firma Bendix wird in der Werft inspiziert

fast ausschließlich gegen schlechtes Wetter eingesetzt, auch wenn man gut die Konturen von Küsten, Bergen oder Städten auf dem Schirm erkennen kann. Flugzeuge werden von dem schmalen Radarstrahl eher zufällig erfasst und verschwinden schnell wieder vom Bildschirm. Als Hilfsmittel gegen mögliche Zusammenstöße ist Bordradar nicht geeignet. Sollten Flugregeln und selbst die Flugsicherung einmal versagen, schützt zuverlässig das Warn- und Ausweichsystem TCAS (*Traffic alert and collision avoidance system*). Es wird im folgenden Kapitel näher beschrieben.

Radarbilder zeigen Niederschlag vom leichten Schauer bis zum Gewitter. Die Stärke der Echos schwankt je nach Größe, Zusammensetzung und Menge der Wassertropfen. Gewitter enthalten große Regenmengen, was ihre Echos besonders kräftig macht. Wasser reflektiert Radarstrahlen fast fünfmal so stark wie gleich große Eispartikel. Die dicksten Echos bringen Hagelkörner, deren Wasserfilm sie wie riesige Tropfen erscheinen lässt.

Ein Flugzeug-Wetterradar besteht aus Antenne, Sende-Empfänger, Bediengerät und Anzeige. Radaranlagen gibt es zum Einstandspreis von etwa 20.000 US-Dollar aufwärts. Sie kommen daher eher für kommerzielle Flugzeuge infrage.

Digitaltechnik hat das „Dampfradar" mit dem alten runden Flimmerschirm ersetzt, alles an der Anlage ist schlank und zierlich. Vorn

RADAR

In einer Bremer Flugzeugwerft zeigt der technische Leiter Norbert Gunkel eine Radarantenne am Geschäftsflugzeug

sitzt eine kleine Antenne, mit Zahnrädern und Streben an der Zelle verschraubt. Das Herz der Radaranlage, die Sende-Empfangseinheit, erzeugt hochfrequente Impulse auf zum Beispiel 9375 Megahertz (entsprechend einer Wellenlänge von 3,2 Zentimetern). Die Signale werden 400-mal pro Sekunde ausgestoßen, jeder Impuls ist 2,5 Mikrosekunden (= Millionstel Sekunden) kurz. Die Reichweite beträgt 150 bis 300 nautische Meilen, der Erfassungsbereich kann auf dem Bediengerät verändert werden.

Piloten können am Bediengerät Funktionen wie Ein/Aus, Wetter/Map (Karte), Tilt (Antennenneigung) und Range (Reichweite) anwählen, auch eine Betriebsart mit Dopplerradar steht zur Verfügung: Damit lassen sich gefährliche Windänderungen (Windshear) vor dem Flugzeug aufspüren.

Nur noch selten sitzt der typische Radarantennen-„Hohlspiegel" unter der Flugzeugnase. Heute verwendet man stattdessen *Flat Plates* („flache Teller") oder eine *Phased Array Antenna* (Antenne mit phasengesteuerter Anordnung). Sie ist in der Lage, ein auf drei bis vier Grad scharf gebündeltes Signal (den *Pencil Beam*) auszusenden und wieder zu empfangen, in einem Bereich von 180 Grad horizontal und plus/minus 15 Grad vertikal. Damit wird ein großer Luftraum vor dem Flugzeug „bestrichen" wie ein Brot mit Marmelade. Flachantennen haben im Gegensatz zum Parabolspiegeln mehrere Strahler. Werden die mit phasenverschobenen Signalen gefüttert, lässt sich die Abstrahlrichtung elektronisch steuern. Eigenbewegungen des Flugzeugs werden durch eine Antennenstabilisierung ausgeglichen: Bordnavigationsgeräte melden Änderungen der Fluglage dem Sende-Empfangsrechner des Radars, der die Antenne über Servomotoren nachführt.

Unter einer Radar-Keule (der Form des Strahls) kann man sich etwas vorstellen, doch selbst die Neandertaler dürften von „*Nebenkeulen*" nichts gehört haben. Sie sind eine unerwünschte Folge der natürlichen Auffächerung des Radarstrahls, quasi ein Abfallprodukt. Nebenkeulen (englisch: *Side Lobes*) bringen Fehl-Echos und *Clutter* (Störbilder) auf den Schirm. Parabolantennen neigen zu Nebenkeulen, die moderneren *Phased Array Antennas* weniger. Die Überlagerung phasenverschobener Radarsignale bringt ein klareres Bild und mehr Ausfallsicherheit.

Manchmal sind Fächersignale auch erwünscht, etwa für die (kaum noch praktizierte) Radarnavigation im Nahbereich. Bodenkonturen können so besser erfasst werden als mit dem normalen, scharf gebündelten, kegelförmigen *Pencil Beam*. Im Zeitalter der Satellitennavigation gerät diese Variante der Radarnutzung immer mehr in den Hintergrund.

Früher wanderte ein grüner oder orangefarbener Radarstrahl auf dem Bildschirm langsam wie ein Scheibenwischer von links nach rechts; hinter dem „Wischblatt" erschienen die Radar-Echos. Solche einfarbigen Darstellungen gibt es nicht mehr, alle Flugzeuge haben min-

Fortschritte und Fachausdrücke aus der Cockpit-Radarwelt

- **PPI:** *Monochromatic Storage Tube Plan Position Indicator*, das Dampfradar in alten Flugzeugtypen. Toller Name, veraltete Technik: Ein einfarbiger Strahl wandert von links nach rechts, Ziele verschwinden nach jedem Scan wieder
- **Monochromatic Video Tube Indicator**: Wie oben, doch mit Memory-Effekt. Das Bild „bleibt stehen" bzw. wandert langsam entgegen der Flugrichtung, der Suchlauf wird gespeichert, das Bild mit jedem Antennen-Scan aufbereitet
- **Multichrome Video Tube Indicator**: Der „Farbfernseher" mit Memory-Funktion. Das Prestige-Gerät in alten Uhrenladen-Cockpits vor Einführung von GPS und Bildschirm-Displays
- **EFIS**-Bildschirme: Der aktuelle Standard mit Flugroute, Flugplatz-Symbolen und Wetterradar-Darstellung. Piloten erkennen zum Beispiel auf einen Blick, ob die Gewitterwolke über dem Endanflug hängt oder nicht

Hier steckt was drin. Cumolonimbus-Wolke über Stuttgart – mit dem Radar kommt man sicher vorbei

Schöne Wolkenbilder, die man auch mit dem bloßen Auge sehen kann: Nicht immer braucht man Radar, um sicher um

destens „Farbfernseher" mit Memory-Funktion (der Suchlauf wird abgespeichert, das Bild aufbereitet). Meist sind die Radarbilder aber bereits in die großen Bildschirme im Cockpit integriert. Der Vorteil: Flugplatzsymbole und Landebahn werden ebenfalls mit angezeigt; der Pilot sieht auf einen Blick, wo das Gewitter steht.

Auch Radar hat seine Grenzen: Niederschlag in Form von Wassertröpfchen wird reflektiert, „trockene" Erscheinungen wie Dunst, Wolken, Nebel und Eis nicht. Hagelkörner ohne dünnen Wasserfilm fallen ebenso durch das Raster wie Klarluft-Turbulenz, ein häufiger Angstauslöser für Fluggäste. Auch bei der Reichweite ist irgendwann Schluss; maximal etwa 300 Meilen sind aufgrund der Erdkrümmung und Ausbreitungsbedingungen drin. Schwere Regenfälle können die Reichweite noch weiter herabsetzen. Auf große Distanz werden Gewitter- und Regengebiete nicht mehr zuverlässig abgebildet, weil der dünne „Bleistiftstrahl" zu wenig Zielfläche hat. Zum Vergleich: In 30 Meilen Entfernung braucht ein

SICHER DURCH DAS WETTER

keiten einleiten kann – stets in Abstimmung mit der Flugsicherung. *„Request twenty degrees left to avoid build-up"* (wir wollen zwanzig Grad nach links drehen, um einer großen Wolke auszuweichen), könnte der Pilot an den Lotsen funken. Gefährliche Wettersituationen sind zu vermeiden, das bekommen Piloten schon bei der Grundschulung eingehämmert. Fliegen beinhaltet, Mistwetter schon vor dem Start aus dem Wege zu gehen. Das Radarbild hilft bei der Lagebeurteilung. Wie sieht der Abflugsektor aus, hängt eine verdächtige Wolke in der Nähe? Gibt es Hindernisse beim Umfliegen der mächtigen weißen Türme? Sogar Gewitter in 20 Meilen Entfernung können für gefährliche Windänderungen (Windshear) sorgen, die ein großes Verkehrsflugzeug wie eine Riesenfaust schütteln oder schlimmstenfalls zu Boden drücken. Radar besitzt dafür eine Zusatzfunktion, die im Nahbereich des Flugzeugs solche Phänomene erkennt und per Computerstimme davor warnt.

Mancher Sommertag lässt den Abflug zum Slalom werden: Die Crew kurvt dann um Radar-Echos ihrem Airway und Reiseziel entgegen. Besondere Aufmerksamkeit und gute Teamarbeit sind angesagt, denn oft verhindert starker Flugverkehr den direkten Steigflug, die Crew fliegt pausenlos Ausweichkurse um die Gewitter. Auch unterwegs, in großer Reiseflughöhe, steht immer mal ein Wolken-„Hammer" im Weg. Bei Nacht, in den Wolken oder im Anflug läuft das Radar beim leisesten Verdacht auf aktive Gewitterzellen mit; das erspart böse Überraschungen.

Radar-Urahn Hülsmeyer hätte wohl gestaunt, was aus seinem Telemobiloskop geworden ist. Radar macht das Fliegen sicherer und ist heute unverzichtbar. Was machen Piloten, wenn ihr Gerät schon beim Boden-Test den Geist aufgibt? Das, was sie in solchen Fällen stets tun: zum Handy greifen und die Technik anrufen. Ist das System kaputt, fällt der Flug aus – so einfach ist das.

solche „Build Ups" herumzunavigieren

Drei-Grad-Radarstrahl für die vernünftige Darstellung eines Wetterziels einen Objektdurchmesser von 10.000 Fuß (gut drei Kilometer), in 80 Meilen bereits 26.000 Fuß (rund acht Kilometer).

Radar ist ein sehr wichtiges Hilfsmittel für Piloten. Kaum ein Flug vergeht, auf dem nicht eindrucksvolle Echos auf dem Bildschirm leuchten. Die Handhabung ist so in Fleisch und Blut übergegangen, dass die Crew eine Radar-Standardmaßnahme wie das Umfliegen einer Gewitterwolke ohne große Schwierig-

Der Luftraum ist eisenhaltig. Der Luftverkehr nimmt zu – Piloten müssen wachsam den Luftraum beobachten

Selbst wenn alle Flugregeln der Welt eingehalten werden und stets ausgeschlafene Piloten und Fluglotsen bei der Arbeit sind, für das letzte klitzekleine Rest-Risiko eines Zusammenstoßes muss es zuverlässige, vollkommen bodenunabhängige Technik geben

Zusammenstoß-Warngeräte

ZUSAMMENSTOSS-WARNGERÄTE

Start und Landung sind kritische Phasen. Ein Verkehrsflugzeug hat seine träge Masse; es soll beim Takeoff mit hoher Geschwindigkeit einen schmalen Asphaltstreifen himmelwärts verlassen und am Ende des Fluges einen anderen möglichst sanft wieder treffen – unter oft widrigen Wetterbedingungen, vorbei an Hindernissen und anderen Flugzeugen. Der Verkehr hat stark zugenommen, die Luft ist immer „eisenhaltiger" geworden; selbst in großen Höhen kann sich binnen Sekunden eine dramatische Situation entwickeln.

In der Nacht zum 2. Juli 2002 ereignete sich eine unfassbare Katastrophe: Bei Überlingen am Bodensee kollidierten bei gutem Wetter zwei technisch intakte Flugzeuge mitten im europäischen Luftraum. Die Jets, eine Tupolew-TU-154-Passagiermaschine der Bashkirian Air Lines und ein Frachtflugzeug der DHL vom Typ Boeing 757, wurden zerstört. Alle 71 Insassen, darunter 49 Kinder, kamen ums Leben.

Beide Flugzeuge verfügten über das Zusammenstoß-Warngerät TCAS (*Traffic alert and Collision avoidance system*). Wie sich später herausstellte, hatte der Unfall menschliche Ursachen: Die TCAS-Kommandos wurden in beiden Cockpits unterschiedlich bewertet. Der zuständige Lotse, fatalerweise allein am Radar, konnte die Situation nicht retten.

TCAS-Testbild. Auf dem Hauptschirm links erkennt man rote und grüne Bereiche für den sicheren Flugbereich. Auf dem Navigationsschirm die TCAS-Symbole

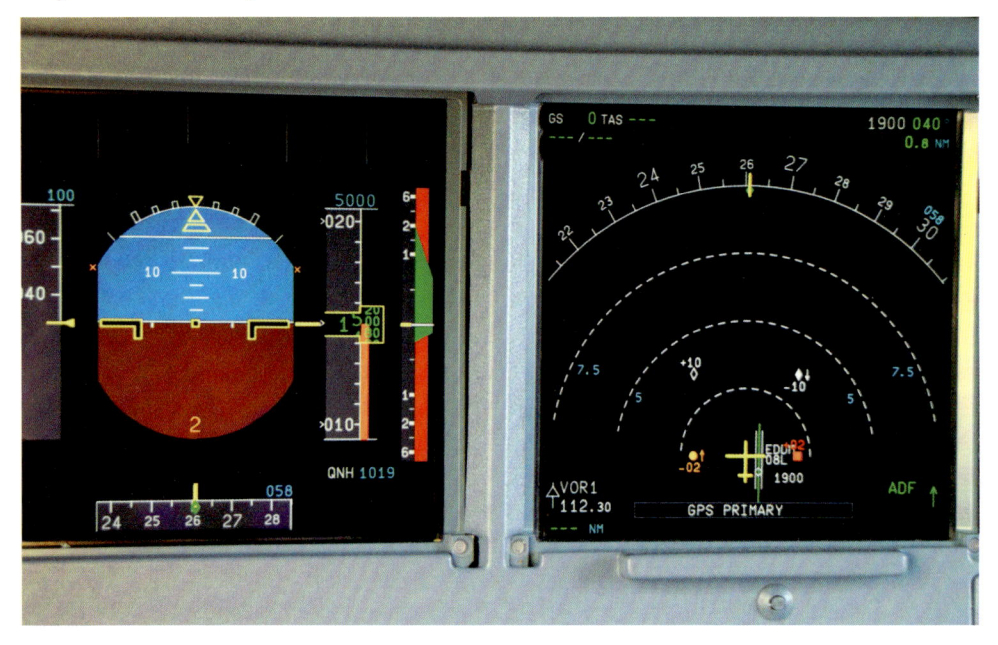

HIGHTECH FÜR ALLE FÄLLE

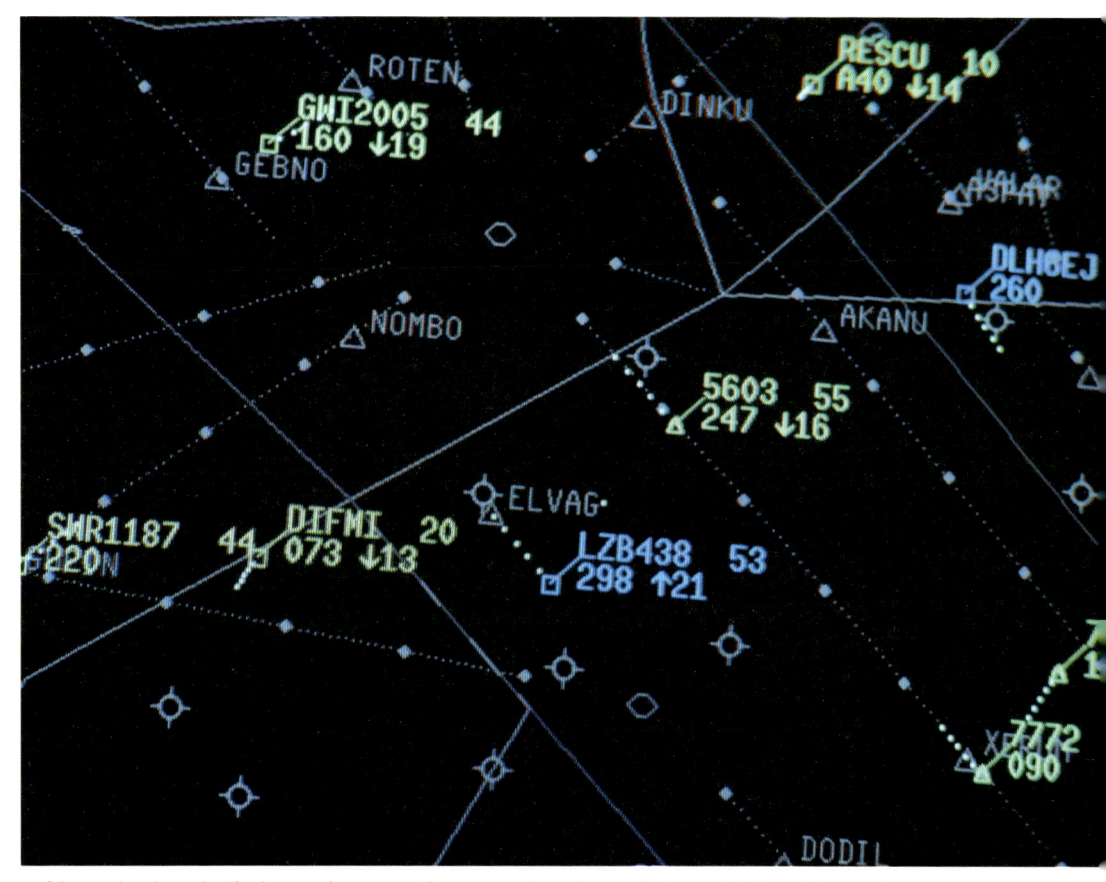

Auf dem Radarschirm des Fluglotsen erkennt man Flugzeug- und Flugplatzsymbole und viele Zusatzinformationen

TCAS ist eine Weiterentwicklung des Transponders, einer Sende-Antwortanlage im Cockpit, mit deren Hilfe ein Flugzeugkontakt klar auf dem Radarschirm identifiziert werden kann. TCAS arbeitet bodenunabhängig und lässt ausgerüstete Maschinen miteinander „reden": Ihre Geräte messen laufend Relativbewegungen und errechnen eine fiktive Position, an der sich die Flugzeuge passieren werden (*closest point of approach*). Auf dem Navigationsbildschirm werden spezielle TCAS-Flugzeugsymbole dargestellt, die je nach Bedeutung farblich kodiert sind. Eine weiße, hohle Raute bedeutet „keine Gefahr"; ein Kontakt mit weißer, ausgefüllter Raute bewegt sich im Nahverkehr. Verwandelt sich das weiße Symbol in einen gelben Kreis, könnte von diesem Flugzeug eine Gefahr ausgehen; laut Berechnung befinden wir uns, falls niemand reagiert, exakt 40 Sekunden vor einem möglichen Zusammenstoß. TCAS erzeugt eine Verkehrswarnung aus dem Lautsprecher (TRAFFIC, TRAFFIC) und die Piloten versuchen, den Kontakt mit den Augen zu erkennen. Eine Verkehrswarnung bedeutet nicht, dass Fluglotse oder „Gegner" etwas falsch gemacht haben müssen. Im dicht beflogenen Luftraum großer Airports tummeln sich Flugzeuge wie Bienen; selbst wenn alle einander im vorgeschriebenen Abstand passieren, können ihre Steig- und Sinkraten solche TRAFFIC-Warnungen auslösen. TCAS-Rechner arbeiten auf Zeit,

ZUSAMMENSTOSS-WARNGERÄTE

TCAS-Symbole: Das rote Viereck stellt einen Verkehrsteilnehmer dar, der gerade noch 300 Fuß (circa 100 Meter) über uns im Sinkflug rasch näher kommt

nicht auf Distanz; Piloten haben daher immer mindestens 40 Sekunden für eine erste Lagebeurteilung.

Entfernt sich der „Gegner" nicht wie erwartet und ein Zusammenstoß wird immer wahrscheinlicher, verwandelt sich das gelbe Flugzeug-Kreissymbol 25 Sekunden vor der errechneten Kollision in ein rotes Viereck. TCAS erzeugt nun eine einfach zu interpretierende Ausweichempfehlung, die (derzeit) nur nach oben oder unten weist: auf dem Hauptschirm erscheinen direkt neben dem künstlichen Horizont rote (gefährliche) und grüne (sichere) Bereiche, ein Lautsprecher gibt Steig- oder Sinkflugkommandos: „Climb, climb" oder „Descend, descend".

Der gerade fliegende Pilot entkuppelt per Knopfdruck am Steuerknüppel den Autopiloten und zieht das Flugzeug sanft in den grünen Bereich, meist nur ein paar Hundert Fuß höher oder tiefer; sein Kollege macht eine Meldung an den Fluglotsen. Nach kurzer Zeit ist die Gefahr vorbei, das TCAS-Symbol wird wieder friedlich-weiß, die roten und grünen Streifen verschwinden vom Hauptschirm. Die Piloten informieren die Flugsicherung, das Flugzeug kehrt auf die zugewiesene Flughöhe zurück. Nun noch den Autopiloten wieder einschalten und durchatmen – das war's.

Das Prinzip, Relativbewegungen von „Gegnern" auszuwerten, wird seit jeher auf Schiffen angewendet. Dort achtet der wachhabende Offizier auf „stehende Peilungen" von Radar- oder Sichtkontakten; das ausweichpflichtige Fahrzeug muss rechtzeitig vor einer Kollision den Kurs ändern. Im dreidimensionalen Luftraum schützen normalerweise festgelegte Flughöhen und Sicherheitsabstände sowie Anweisungen der Flugsicherung vor Kollisionen. TCAS ist nur ein – wenn auch äußerst wirkungsvolles – Zusatzgerät für den letzten Moment. Es bietet den Piloten in der übrigen Zeit ein begrenztes Lagebild im Umkreis von mindestens 30 Meilen.

Wie konnte es zum Crash von Überlingen kommen, obwohl beide Unglücksmaschinen mit TCAS-Geräten ausgerüstet waren? Die Untersuchung ergab, dass die Flugzeuge in 36.000 Fuß (etwa 11.000 Metern) auf Kollisionskurs flogen. Der in diesem Stück des deutschen

HIGHTECH FÜR ALLE FÄLLE

Luftraums zuständige Schweizer Lotse erkannte die Gefahr; er wies die Crew der Tupolew 154 an, 1.000 Fuß (etwa 300 Meter) zu sinken. Was er nicht wusste: Das TCAS-Gerät der Tupolew erzeugte ein Ausweichkommando STEIGEN, also in umgekehrter Richtung. Die Piloten folgten allerdings der Lotsen-Anweisung und begannen mit dem Sinkflug. Das TCAS der Boeing 757 reagierte auf die Kollisionsgefahr programmgemäß mit einem SINKEN-Kommando, das die Crew auch befolgte. Dem Lotsen bot sich eine verwirrende Situation: zwei Flugzeuge, die blitzschnell aufeinander zusanken – ohne Information darüber, was die TCAS-Geräte in den Cockpits kommandierten und warum die Boeing nicht ihre Höhe hielt. So drängte er die Tupolew zu noch rascherem Sinken, während ihr TCAS in „Absprache" mit dem der Boeing weiter STEIGEN-Kommandos gab. Das Unheil nahm seinen Lauf: Die Flugzeuge blieben im Sinkflug und kollidierten in 34.890 Fuß, etwa 10.630 Metern Höhe.

„Die Tupolew-Piloten folgten damals einer Flugbetriebs-Anweisung, im Zweifelsfall das Lotsenkommando auszuführen", erklärt der frühere Fluglotse Ingo Balke, zur Zeit des Unfalls Safety Manager bei der Deutschen Flugsicherung in Bremen. „Die Crew der DHL-Boeing entschied sich für die TCAS-Kommandos. Es gab noch keine einheitliche Regelung, ob Lotse oder TCAS das letzte Wort haben sollte. Der Überlingen-Unfall geschah also zynischerweise im Einklang mit den jeweils geltenden örtlichen Vorschriften." Balke erinnert sich an glimpflich ausgegangene Fälle mit und ohne TCAS-Beteiligung. In allen Safety-Zentralen auf der Welt laufen *Airprox*-Meldungen über Beinah-Zusammenstöße ein (von *proximity*, Nähe). Im Jahre 2002, zur Zeit des Unfalls, war TCAS II (die derzeit aktuelle Version mit Steig- und Sinkflugempfehlungen) schon länger im Einsatz, doch die Flieger- und Lotsengemeinde musste sich an die neue Warntechnik gewöhnen. Ingo Balke erinnert sich gut an die Anfänge: „Die Piloten waren so skeptisch wie wir Lotsen."

Die flächendeckende TCAS-Einführung in den 1990er-Jahren brachte eine echte Lagebild-Verbesserung für die Piloten; schnell gewöhnten sie sich an den neuen Cockpit-„Radarschirm". Nun konnte man im Nahbereich erkennen, wer über und unter einem herumschwirrte. TCAS-Geräte arbeiten bodenunabhängig und sehr zuverlässig. Allerdings „kennen" sie die vom Lotsen freigegebene Flughöhe eines anderen Luftfahrzeuges nicht und reagieren digital-stur nach ihrem Rechenprogramm. „Bei starken vertikalen Annäherungsgeschwindigkeiten kann es schon mal zum TCAS-Alarm kommen, obwohl der andere Flieger auf eine Höhe mit genügend Abstand wechselt", erklärt Safety-Mann Balke.

Ingo Balke, ehemaliger Safety Manager der Deutschen Flugsicherung (DFS) in Bremen, zeigt auf der Karte Verkehrsknotenpunkte

ZUSAMMENSTOSS-WARNGERÄTE

Rechnerraum unter dem Cockpit des Langstrecken-Airbus A340. Hier sitzt auch der Computer des Zusammenstoß-

Der europäische Luftraum ist im Wandel, aber noch immer ein Flickenteppich kleiner Kontrollgebiete, mit Kontrollzonen und Nahverkehrsbereichen, darüber der regionale und obere Luftraum. Für die Bereiche ober- und unterhalb der vertikalen Trennungslinie sind verschiedene Lotsen zuständig.

„Der Luftverkehr nahm vor der letzten Wirtschaftskrise um jährlich rund neun Prozent zu," erinnert Ingo Balke. „Schon seit der Wende 1990 fließen große Ströme in ost-westlicher Richtung. Nun ist weiterer Aufschwung in Sicht." Um die „Füllmengen" im knapper werdenden Luftraum zu erhöhen, wurde der Ver-

HIGHTECH FÜR ALLE FÄLLE

Warngeräts TCAS

tikalabstand im oberen Stockwerk vor Jahren für den Gegenverkehr auf 2.000 Fuß (600 Meter) halbiert, für Flüge in gleicher Richtung auf 1.000 Fuß. Das Konzept *Reduced Vertical Separation Minima* (RVSM, verringerte vertikale Mindest-Staffelung) brachte Abhilfe – und erforderte eine spezielle Zulassung der teilnehmenden Flugzeuge. 1.000 Fuß, fast einmal die Höhe des Eiffelturms – das klingt eigentlich beruhigend. Doch auch satte 300 Meter können schnell dahinschmelzen, falls die Höhenmesser nicht korrekt arbeiten oder richtig eingestellt sind. Ab einer festgelegten Bezugshöhe (in Deutschland: oberhalb 5.000 Fuß) eichen Piloten ihre Höhenmesser vom örtlichen Luftdruck auf den Standard-Wert 1.013,2 Hektopascal. Alle Flugzeuge fliegen mit dem gleichen Bezugsdruck sicher über- und untereinander her, egal, wie dick oder dünn die 1.000-Fuß-Luftschichten bei der örtlichen Temperatur gerade sind, genauer: wie groß der vertikale Abstand zwischen Flächen gleichen Drucks ist.

Heute düsen Mittelstrecken-Flugzeuge eng gepackt (Fluglotsen-Deutsch: dicht gestaffelt) mit rund 0.8 Mach herum, das sind in zehn Kilometer Höhe gut 850 km/h. Sie fliegen auch abseits der Luftstraßen direkt zwischen Computer-Wegpunkten; eine gewisse Kollisionsgefahr ist theoretisch nicht auszuschließen.

Menschen machen Fehler, auch Piloten sind nicht davor gefeit. *To bust* heißt im US-Slang so viel wie scheitern, etwas versemmeln, am gesteckten Ziel vorbeirauschen, jemanden zu schnappen oder zu bestrafen. Flugschüler „busten" einen Übungsflug. Verkehrssünder werden auf frischer Tat „gebustet", untreue Ehepartner auch. „Im Flugsicherungs-Alltag reden wir von Level busts", erläutert Ingo Balke, „das sind Abweichungen von der zugewiesenen Flughöhe". Manchmal funkt nur ein defekter Transponder eine falsche Flughöhe vom Cockpit an den Boden. Hin und wieder passiert aber auch ein Pilotenfehler. Jede Höhenänderung wird von der Crew bestätigt, am Autopiloten-Bedienfeld eingestellt und überwacht. Es gibt viele Möglichkeiten, die Flugfläche zu wechseln: Alle beginnen mit dem Einstellen der neuen Flughöhe an einem zentralen Drehknopf. Anschließend wählt der Pilot über andere Griffe eine Steigrate, eine Geschwindig-

ZUSAMMENSTOSS-WARNGERÄTE

Ein Transponder-Bedienfeld, auf dem unter anderem der vierstellige Antwortcode für die Anzeige auf dem Flugsicherungs-Radarschirm eingestellt wird. Hier wird auch das TCAS bedient (über die beiden Drehschalter rechts)

keit oder einen bestimmten Steigwinkel an; Kombinationen sind möglich. Dazu gehört immer ein dafür abgestimmter Schub; er kommt von einer automatischen Regelung, die sich auch abschalten lässt. Das komplizierte System hat den Zweck, das Flugzeug unter den angewählten Bedingungen sanft auf die gewählte Höhe zu bringen, damit der Autopilot Geschwindigkeit und Kurs wieder aufnehmen kann. Unerfüllbare Wünsche (zu hohe Steiggeschwindigkeit bei schwerem Flieger, unzulässige Überschreitungen von Geschwindigkeitsgrenzen) werden mit Warntönen quittiert oder – bei digital unterstützter Steuerung – im Extremfall automatisch verhindert: die Steuerung weigert sich, den verhängnisvollen Befehl auszuführen.

Im Steig- und Sinkflug reduziert die Crew die Vertikalgeschwindigkeit vor Erreichen der neuen Höhe auf 1.000 Fuß pro Minute, um dicht über oder unter ihnen fliegende Flugzeuge nicht aufzuschrecken und massenhaft TCAS-Zusammenstoß-Warnungen zu erzeugen.

Im Luftraum unter 10.000 Fuß herrscht viel Verkehr mit Maschinen, die teils auch nach Sichtflug fliegen. Dort ist „steriles" Cockpit angesagt, die Piloten sollen nur noch über Dienstliches reden. Wichtig sind auch Funkdisziplin und eine klare Aussprache, sonst werden Flughöhen und Kurse schnell missverstanden. Alle Zahlenwerte müssen mit der richtigen Bezugsgröße genannt werden, damit Kurse nicht mit Höhen, Flugnummern nicht mit dem Transponder-Code verwechselt werden, den die Flugsicherung der Crew zuweist. Volle Hunderter-Werte werden auch so ausgesprochen, also *„Climbing flight level two hundred"* und nicht *„Climbing two-zero-zero"* (Wir steigen auf Flugfläche zweihundert, also 20.000 Fuß). Genuschelt klingt „two-zero-zero" wie „two-seven-zero". Bei schlechter Verständigung können mehrmalige Rückfragen fällig werden, während das Flugzeug munter weitersteigt.

HIGHTECH FÜR ALLE FÄLLE

Auf einem Flugsicherheitslehrgang der Bundeswehr erlebte ich einen Versuch, am PC-Bildschirm die Annäherungsrate entgegenkommender Flugzeuge einzuschätzen. Zu sehen war ein Cockpit-Fenster mit zwei Streben; Flugzeuge ohne Lichtreflexe und Kondensstreifen tauchten aus verschiedenen Richtungen vor der Nase auf und rauschten dicht an uns vorbei. Unsere Aufgabe war, die Zeit vom ersten In-Sicht-Kommen eines Flugzeuges bis zum Beinahe-Zusammenstoß zu messen. Erschrocken stellten wir fest: Ohne Vorwarnung durch Fluglotsen oder technische Hilfsmittel blieben bei der relativen Annäherungsgeschwindigkeit von rund 1.600 km/h bestenfalls ein bis zwei Sekunden, dem entgegenkommenden Flugzeug auszuweichen.

Der aktuelle Warngeräte-Standard TCAS II ist heute überall eingeführt und schützt als letztes Mittel vor einer Kollision. Seit 2002 wurde weltweit festgelegt, dass Piloten jede TCAS-Ausweichempfehlung zu befolgen haben – es sei denn, die Sicherheit würde dadurch beeinträchtigt. Sie sollen das Kommando selbst dann ausführen, wenn der Fluglotse das Gegenteil anweist. Als nächste Entwicklungsstufe (TCAS III) werden zu den vertikalen auch seitliche Ausweichbefehle möglich.

TCAS gehört zu den vielen Bordrechnern und Warngeräten, an die sich Piloten längst gewöhnt haben. Wie der Zufall es will, kommen TCAS-Warnungen oft vor, wenn man sie nicht erwartet: im Endanflug, wenn noch ein Polizeihubschrauber im Tiefflug kreuzt; wenn die Cockpit-Crew gerade isst oder ein Kollege die Toilette aufsucht.

TCAS-Ausweichmanöver werden bei jedem Simulator-Ereignis trainiert. Das Gerät ist ein Hilfsmittel für den letzten Moment, kein Mini-„Radar" für die Cockpit-Crew. Die Staffelung des Verkehrs ist weiterhin allein Sache der Lotsen. Der Verkehr hat zugenommen, doch auch die Navigationsgenauigkeit hat sich, nicht zuletzt dank GPS, beträchtlich erhöht. Flugzeuge fliegen so messerscharf genau auf dem Airway, dass man den Piloten entgegenkommender Maschinen ins Cockpit blicken kann; aus Sicherheitsgründen wird empfohlen, auf vielen „einsamen" Strecken (Nordatlantik, Ostasien, Afrika) bei Parallelflug ein bis zwei Meilen rechts der Mittellinie zu fliegen. Die gewünschte Abweichung lässt sich bequem in den Flugdatenrechner eingeben.

Ingo Balke erzählt gern den Witz vom Fluglotsen, der einen Airliner bei der Annäherung an ein militärisches Übungsgebiet beobachtet. Auf dem Radarschirm scheint das Flugzeug nicht ganz auf der Luftstraße zu fliegen. „Sir, laut meiner Anzeige fliegen Sie knapp links von der Airway Centerline", meldet sich der Fluglotse höflich beim Piloten. „Stimmt", antwortet der Käpt'n ebenso gelassen. „Ich bin links von der Mittellinie, und mein Copilot ist rechts von der Mittellinie."

1.000 Fuß – etwa 300 Meter – Vertikalabstand zu dieser German Wings A 320 wirken nicht allzu üppig

Flugdatenschreiber – allgemein bekannt als „Black Box" – sind in Wirklichkeit in Signalfarben lackiert, um sie im Unglücksfall schnell auffinden zu können

„Big brother ist watching you" – diese wohlbekannte Zeile aus George Orwells Roman „1984" kommt manchem in den Sinn, der die Aufzeichnungsgeräte in einem Verkehrsflugzeug kennenlernt. Hier dient die Technik allein der Sicherheit

Flugdaten-schreiber

FLUGDATENSCHREIBER

Piloten sind „gläsern": Praktisch alles, was im Cockpit getan oder gesagt wird, wird aufgezeichnet. Flugdatenschreiber, die berühmten Black Boxen, waren früher bloß Crash-Zeugen. Heute sind die Geräte zu Multitalenten herangereift.

Im Cockpit dient intelligente Technik der Flugsicherheit. Seit Jahrzehnten gibt es Cockpit Voice Recorder und Flugdatenschreiber zur Aufklärung nach einem Zwischenfall oder Unfall. Mittlerweile dienen die schwarzen Kästen auch zur Trendforschung, die Datenträger werden routinemäßig ausgewertet. Gefährliche Tendenzen können so schon im Ansatz erkannt und bekämpft werden. Seit Januar 2005 ist die Datenerfassung Pflicht für Flugzeuge über 27 Tonnen.

Analysen belegen den Zusammenhang zwischen scheinbar unbedeutenden Fehlern und Unfällen. Kleinere Ungenauigkeiten und Versäumnisse verketten sich oft zu Fehlerursachen, die zur Katastrophe führen können. Auf einen Unfall kommen statistisch rund 1500 sicherheitsrelevante Vorfälle mit kleinen Fehler-Elementen. Leider sind einzelne Glieder von Ursachen-Ketten schwer auszumachen; nur durch akribische Erforschung ist herauszufinden, wo Fehler lauern und ein Flugbetrieb, seine Technikabteilung, das Personal oder größere Organisationen Schwachstellen aufweisen. Schon Einzelparameter wie Geschwindigkeit oder Sinkrate im Landeanflug, in einer Airline laufend routinemäßig überwacht, können frühzeitig potenziell gefährliche Trends andeuten.

Achtung Aufnahme – das Mikrofon des Cockpit Voice Recorders nimmt unbestechlich zwei Stunden Endlosband auf

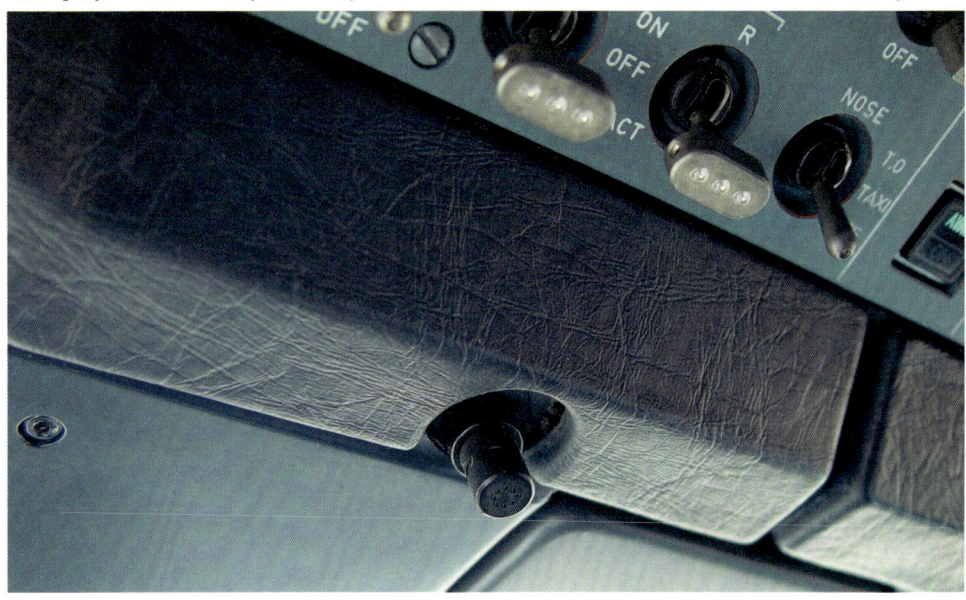

Zauberkasten

Anfang der 1950er-Jahre explodierten mehrere *De-Havilland-Comet*-Verkehrsflugzeuge buchstäblich in der Luft. Die Jetliner mit den typisch eckigen Kabinenfenstern hatten Schwächen in der Zellenstruktur; das Aufpumpen und Ablassen des Drucks in der Kabine führte zu Rissen und ließ die Maschinen förmlich zerplatzen. 1953 beschloss der australische Unfallexperte Dr. Dave Warren, die makabren letzten Flugminuten vor einem Crash zur besseren Fehleranalyse zukünftig mit einem Cockpit-Rekorder aufzuzeichnen. Von den Behörden zunächst belächelt, stellt er vier Jahre später eine Asbestschachtel mit Drahtrecorder vor, einen Verwandten des Tonbandgeräts. Bald ging die erste „Black Box" (der Spitzname stammt von den kleinen schwarzen Norm-Containern im Elektronikraum der Flugzeuge) in England und den USA in Serie.

Warrens Heimat Australien schrieb 1960 als erster Staat Flugzaufzeichnungen vor. Inzwischen gehört die „Lauschkiste" zur Standardausrüstung jedes größeren Flugzeugs. Seit 1965 sind die ehemals dunklen Recorder leuchtend orange oder gelb lackiert.

Auch bei der US-Luftfahrtbehörde dachte man bereits zur Propeller-Ära Ende der 1950er-Jahre über Flugdatenschreiber nach. Die ersten Geräte arbeiteten mit Metallfolien und ähnelten Barographen. Sensoren übertrugen die Messwerte direkt an einen Schreibstichel, der Spuren in die Folie ritzte wie Rillen in eine Schallplatte. Die Zahl der aufgezeichneten Spuren war begrenzt; das Problem wurde später mit der „Flugdatenaufbereitungsanlage" *Flight Data Acquisition Unit (FDAU)* gelöst. Sie verwandelte analoge Daten, zum Beispiel vom Triebwerk oder vom Höhenmesser, in speicherfähige Bits und Bytes. Die Flugdaten wurden anfangs auf einem 150 Meter langen 25-Stunden-Magnetband gespeichert, das in einer crashsicheren Schachtel steckte. Heute erledigen wenige digitale Steckkarten die gleiche Arbeit.

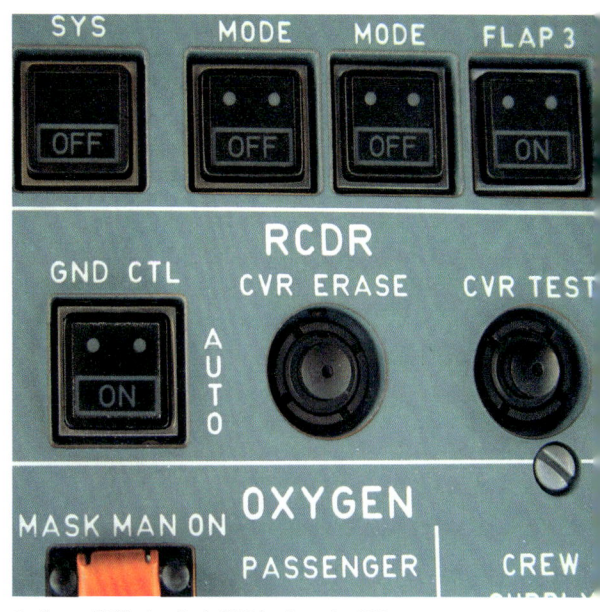

Bediengerät für den Cockpit Voice Recorder CVR

„Big Brother" im Cockpit

Sämtliche Daten, ob Sprache oder Handgriffe, werden von Computern gesammelt, verarbeitet und abgespeichert. Sie haben äußerst sperrige Bezeichnungen, die auch Piloten nur schwer über die Lippen gehen:
- Die **Digital Flight Data Acquisition Unit** (*DFDAU*) oder **Digital Flight Data Interface Unit** (*DFDIU*) ist gleichzeitig Sammelbüchse und Daten-Schnittstelle zu anderen Geräten. *Acquisition* bedeutet hier „Sammlung".
- An der **Data Management Unit** (*DMU*) steckt der Abzapfpunkt für die Daten-Auslesung.
- **Digital Flight Data Recorder** (*DFDR*) im Heck des Flugzeuges nehmen alles für die Nachwelt auf; ihnen gilt das Augenmerk der Such- und Rettungsdienste nach einem Unfall.

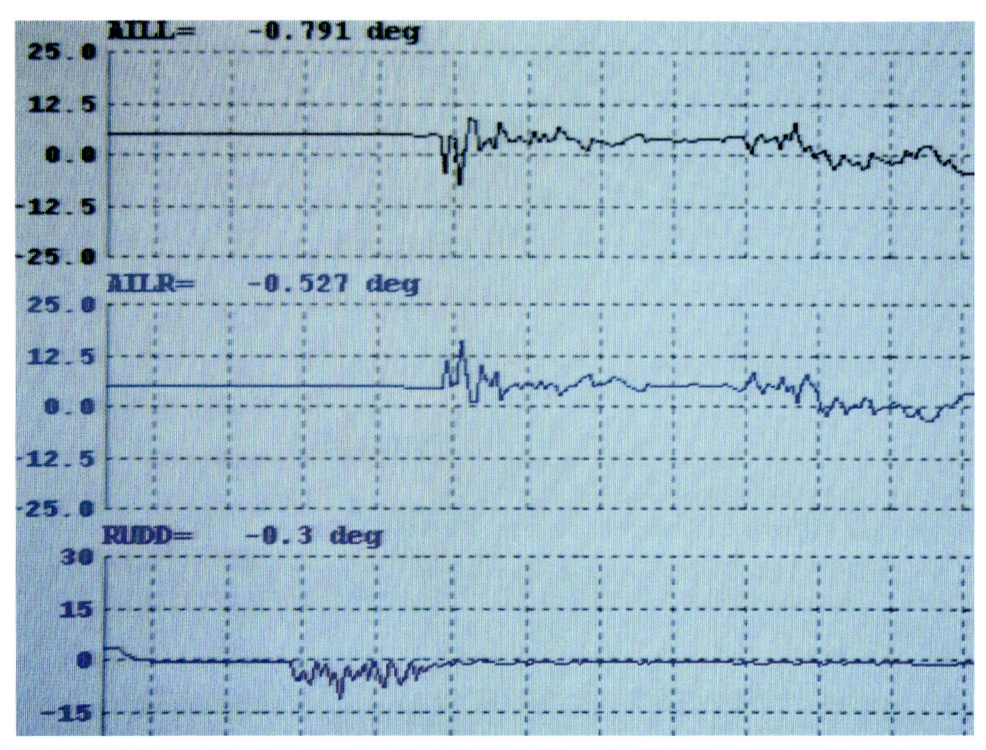

Flugdaten auf dem Bildschirm. Man sieht Kurven für die Querruder links und rechts – AILL und AILR – und das Ruder RUDD

Black-Box-Erfinder Dr. David Warren (1925–2010) ermöglichte Sprachaufzeichnungen als Endlosschleife während der letzten Flugminuten. Mittlerweile werden volle zwei Stunden auf vier Kanälen abgespeichert. Mikrofone im Cockpit registrieren jeden Laut, auch Gespräche über Interphone-Gegensprechanlage sowie sämtliche Hintergrundgeräusche; schon der Klang eines Triebwerkes kann bei der akustischen Spurensuche helfen. Weitere Zapfstellen am Funk- und Bordsprechnetz sammeln auch Gesprächsfetzen, die einmal ein Unfalluntersuchungs-Puzzle lösen könnten.

Technische Flugdaten sind zahlreich vorhanden und leichter „abzugreifen" als Sprache. Jede Eingabe (Input) wird unbestechlich eingeheimst, die digitalisierte Datenflut anschließend mit allseits gebräuchlichen Speichermedien entnommen und sicherheitshalber noch zusätzlich im Recorder eingelagert.

Zu den Flugdaten gehören Zeit, Kurs, Flughöhe, Geschwindigkeit, die Beschleunigung um die drei Achsen, die Fluglage (Pitch und Roll), der Triebwerksschub und die Stellung der Steuersäule (des Sidestick-Knüppels). Die US-Luftfahrtbehörde FAA schreibt bei Neuflugzeugen die Speicherung von mindestens 88 Datengruppen vor. Kein Problem: Moderne Systeme schaffen locker das Zehnfache.

Super-Schachteln

Black Boxen sind praktisch unzerstörbar, denn sie sollen ja als „überlebensfähiges Gedächtnis" (*Crash-Survivable Memory Units*, CSMU) einen Absturz überstehen. Die Recorder in ihren zylindrischen Behältern fassen zwei Stunden Sprache oder 25 Stunden Flugdaten und kosten derzeit rund 15.000 US-Dollar. Sie sitzen im Heck des Flugzeugs, an verformungssicherer Stelle in der Nähe der Höhenflosse. Rote Schilder zeigen die wertvolle Fracht an: „Flight Recorders Here".

Drei Schichten schützen die Kisten vor Zerstörung. Über einer Lage Aluminium um die Speicherkarten sitzt 2,54 Zentimeter Isoliermaterial; außen trotzen sechs Millimeter rostfreier Stahl oder Titan der Umwelt. Wollte man das ganze Flugzeug so panzern, käme es nicht in die Luft.

Jeder Auto-Crashtest wirkt wie ein Spaziergang gegen die sieben Versuche, die an Flugdatenschreibern unternommen werden. Eine Luftdruckkanone feuert die Box mit einer Beschleunigung von unvorstellbaren 3.400 g gegen eine Aluminium-Wabenstruktur wie am Flugzeugflügel, das simuliert den Crash. Anschließend werfen die Tester ein spitzes 227-Kilo-Gewicht aus drei Meter Höhe auf die empfindlichste Stelle des Rekorder-Zylinders. Dann geht's in die 5.000-PSI-Presse, bevor die Flammen kommen: Drei Propankocher „backen" den Speicher eine Stunde lang bei 1.100

Die Flugdaten werden auf normalen PCMCIA-Speicherkarten ausgelesen

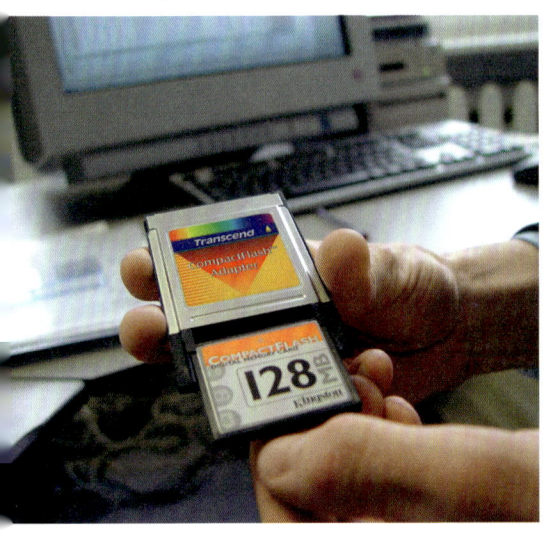

Pilot und Datensammler

„Flüge lassen sich digital rekonstruieren."

Ulf Maurer,
Senior First Officer
Airbus A340

Maurer, geboren in Trier, erlernte schon mit 15 Jahren den Segelflug und machte mit 18 den Privatpilotenschein für Motorflugzeuge. Nach dem Zivildienst ging er zur Lufthansa-Fliegerschule und flog anschließend für den Ferienflieger Condor Berlin, wo er auch als Flugdatenbearbeiter eingesetzt war. Seit 2003 bei Lufthansa in München auf dem Airbus A340, ist Maurer inzwischen Senior Copilot und Ausbilder auf diesem Flugzeugmuster.

Grad. Im Salzwasser-Hochdrucktank gibt's 24 Stunden lang Tiefsee-Atmosphäre, anschließend folgen 30 Tage Dauertest im Salzwasser, und zu guter Letzt taucht man die Black Box in äußerst agressive Chemikalien.

Die überlebenden Rekorder bekommen einen Unterwasser-Notsender (*Underwater Locator Beacon*, ULB) zur schnellen Ortung nach einer Notwasserung. Sie arbeiten auf 37,5 Kiloherz, müssen 30 Tage lang unter Wasser aushalten und vier Kilometer Reichweite bringen.

Senior-Copilot Ulf Maurer war jahrelang als Flugdatenbearbeiter im Einsatz. Für einen Laien sehen Flugdaten auf dem PC-Bildschirm wie EKG-Kurven aus. „Aus der Nähe erkennt man die X- und Y-Achsen mit den englischen Bezeichnungen für Schub und Fluglage", erklärt Maurer. Es sind die groben Abschnitte

FLUGDATENSCHREIBER

Copilot und Flugdatenbearbeiter Ulf Maurer bei der Auswertung am PC

eines Flugverlaufs, per Stoppuhr auseinander gepuzzelt. „Mit einem einzigen scheckkartengroßen Speicherteil, dem sogenannten

Flugdaten-Speicherkartenlesegerät

PCMCIA, können bis zu 650 Parameter erfasst und ausgewertet werden", fährt der Fachmann fort. PCMCIA heißt *Personal Computer Memory Card International Association*, ein hakeliges Wort für kleine Speicherkärtchen, die man in jedem Computermarkt um die Ecke kaufen kann. Auf den kleinen Datenträgern ist genug Platz: „Ein Fünfstundenflug braucht nur vier bis fünf Megabyte. 500 Flugstunden passen ungefähr auf eine Karte," verdeutlicht Ulf Maurer. Spezialisten werten lediglich Flugdaten aus, nicht Cockpit-Gespräche; diese werden in der Regel erst bei Unfällen untersucht. Alles andere kommt regelmäßig unter die Lupe, um versteckte Risiken zu entdecken. Im Visier sind besonders Anflug und Landung, denn dort passiert statistisch am meisten. Flugzeug-Killer Nr. 1 ist nach wie vor der kontrollierte Absturz (*Controlled Flight into Terrain, CFIT*), bei dem eine Crew ein völlig intaktes Flugzeug durch

SUPER-SCHACHTELN

Navigationsfehler und andere Missverständnisse ahnungslos in den Boden fliegt.

Alle Flugbetriebe haben feste Betriebsverfahren, sogenannte *Standard Operating Procedures*. So ist beispielsweise festgelegt, dass vor der Landung in spätestens 1.000 Fuß über dem Boden das Fahrwerk und die Landeklappen ausgefahren sind und die Schubregelung im vorgeschriebenen Bereich arbeitet. Dies soll eine sichere Landung, aber auch – mit den nötigen Energiereserven – ein Durchstarten ermöglichen. Dutzendfach ausgewertet, ergeben Anflüge an bestimmten Airports ein interessantes Bild: Fachleute können erkennen, ob Piloten nah an die Limits gehen. Man kann auch Rückschlüsse ziehen, wie sinnvoll einzelne Verfahren an bestimmten Flugplätzen sind.

„Manche Ereignisse werden vom einzelnen Piloten nicht als riskant wahrgenommen, können aber unter ungünstigen Umständen eine Gefahr darstellen", gibt Ulf Maurer zu bedenken. So birgt es bei schönem Wetter kaum Risiken, etwas später als vorgeschrieben die Klappen zu setzen und den Schub zu regeln; ein Schlechtwetteranflug muss dagegen extra „stabil" geflogen werden, um stets genügend Reserven und Optionen zu haben.

Airlines nehmen am Flugsicherheits-Meldewesen teil, das Zwischenfälle aller Art behandelt. Die Meldungen der Piloten (Flight Reports) können allerdings nicht alle kritischen Tendenzen aufdecken; sie schildern ja nur subjektiv beschriebene Vorfälle aus der Vergangenheit. Datenauswertung hat demgegenüber

Am Heck eines Airbus A320 vor der Höhenflosse ist der Hinweis „FLIGHT RECORDERS HERE" angebracht. Darunter befindet sich der Flugdatenschreiber – untergebracht in einem Bereich des Rumpfes, der bei einem Crash nicht als Erstes betroffen ist

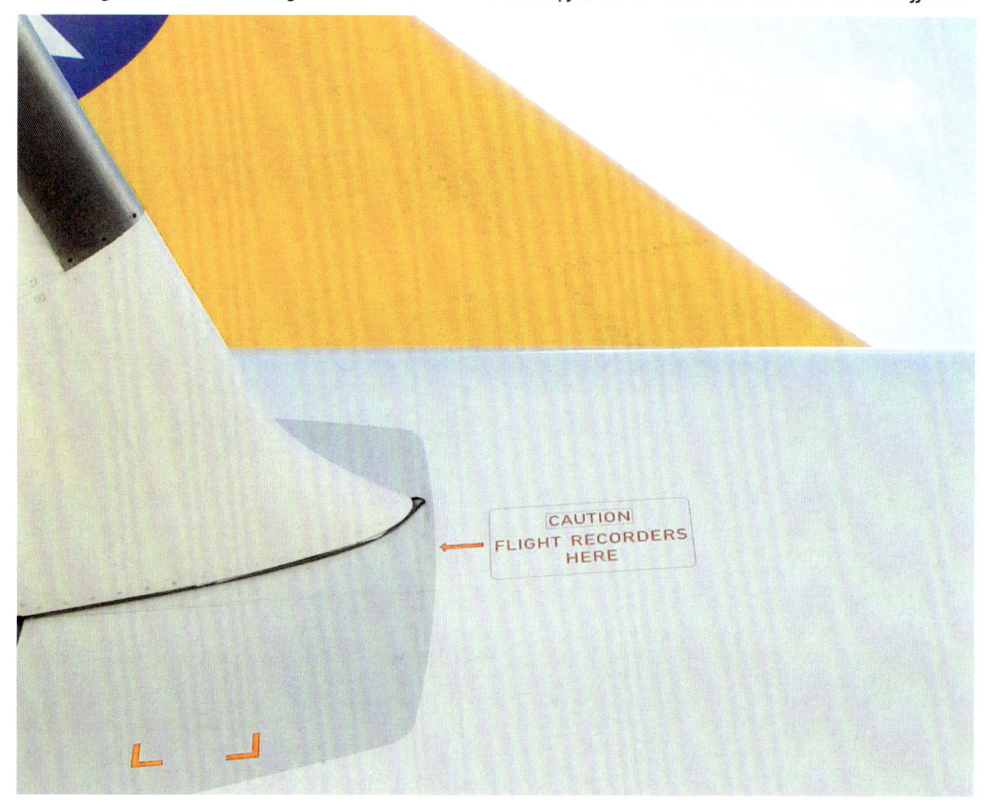

DFDR EVENT: Mit diesem Knopf lassen sich besondere Ereignisse während des Fluges auf dem Datenrecorder zur späteren Auswertung markieren

klare Vorteile, obwohl auch diese Ereignisse bereits passiert sind. Objektiv gemessene Flugdaten ermöglichen Hochrechnungen und rechtzeitige Vorsichtsmaßnahmen.

An den „EKG"-Kurven der Flugdatenschreiber kann man zum Beispiel sehen, wie schnell ein Flugzeug durch hohen Anstellwinkel (Nase zum relativen Wind) bei der Landung Heckberührung bekommen kann. Wachsamkeit des nicht fliegenden Piloten und spezielles Training können solche *Tailstrikes* vermeiden helfen.

Neben den Pflichtparametern lassen sich auch Einzelereignisse überprüfen, sogenannte Events. Die Auswertungssoftware markiert automatisch die Überschreitung fester Betriebsgrenzen wie Sinkrate oder Geschwindigkeit. Die gespeicherten Daten können später im Büro-PC eingelesen werden, teils ist auch schon eine Online-Datenübertragung aus der Luft möglich.

Jedes Cockpitgeräusch ermöglicht Rückschlüsse auf die Arbeitsweise einer Crew. Glücklicherweise sind Tonaufzeichnungen nur ausgewählten Fachleuten zugänglich; Datenschnüffler, zum Beispiel aus der Personalabteilung, bleiben draußen. In den USA kümmert sich ein Komitee aus *National Transport Safety Board* (NTSB), Luftfahrtbehörde FAA, Flugzeugbetreibern, Herstellerfirmen und Pilotengewerkschaften um heikle Fragen der Sicherheit und der Privatsphäre; ein Zeichen, wie wichtig man die Sache nimmt. Immerhin sagen auch trockene Flugdaten viel über Können und Disziplin eines Piloten aus; die Flugdatenbearbeiter sind aber nicht dazu da, als „Luftpolizei" einzelnen Menschen Regelverstöße nachzuweisen. Arlines, die solche Werte achten, lassen Daten nach einer Trendermittlung automatisch anonymisieren. Danach sind Rückschlüsse auf einen bestimmten Flug oder eine Crew nicht mehr möglich.

Datengewinnung dient der Flugsicherheit; als Form der Qualitätssicherung erlaubt sie Routineauswertung und Stichproben im Flugbetrieb. Darüber hinaus sind auch kaufmännische Kraftstoff- und Zeitberechnungen oder technische Überwachungen von Flugzeugsystemen möglich. Überall steht die Trendkontrolle im Vordergrund: Untypische Betriebstemperaturen oder gelegentlich auftauchende Bildschirm-Fehlermeldungen könnten auf versteckte „Krankheiten" hindeuten. Vorbeugende Wartung von Flugzeugen gehört heute zum Standard; frühzeitig gewechselte Teile kosten weniger Geld als teure Reparaturen. Die Übertragung von Daten aus der Luft ans Technik-Zentrum gibt es schon sehr lange.

Die Black-Box-Industrie schwimmt auf der Erfolgswelle. Für die Zukunft sind weitere Verbesserungen geplant: Doppel-Recorder mit unabhängiger Stromversorgung, längere Aufzeichnungen, noch mehr Parameter, Gemeinschafts-Boxen aus Sprach- und Datenrecorder.

Etwas Orwell (oder Stasi) dürfte wohl doch kommen: die Videoüberwachung, zunächst nur die der Instrumenten-Anzeigen. Digital-Cockpits haben kaum bewegliche Hebel und Zeiger, deren Stellung nach einem Crash optische Rückschlüsse auf die Unfallursache geben. Mit dem Stromausfall erlöschen auch die Bildschirme, man muss den letzten Flugzustand vor dem Unfall also optisch festhalten. Der Überwachungs-Kreativität sind kaum Grenzen gesetzt; Cockpits lassen sich ebenso beobachten wie Sparkassen-Schalterhallen. Einen kleinen Vorgeschmack davon bekommen Piloten beim Simulator-Auffrischungsflug, wenn anhand von Videoaufzeichnungen einzelne Flugsituationen besprochen werden.

„Mit den gespeicherten Daten lässt sich jeder Flug digital rekonstruieren und sogar in 3-D vorführen", erklärt Ulf Maurer. Natürlich auch der von Unglücksmaschinen, sofern die Rekorder gefunden werden. Die letzten Flugminuten, perfekt aufbereitet und mit Original-Cockpit-Gesprächen hinterlegt, sind ein makabres Dokument. Doch Unfalluntersuchung muss sein, Piloten zweifeln daher nicht am Sinn und Zweck der vielen Sensoren an ihrem Arbeitsplatz – sofern sie nicht zweckentfremdet werden. „Manches kann auch für dich verwendet werden", gab mal ein Kapitän zu bedenken, als ich mich über den vielen Papierkram im Cockpit beschwerte. „Nimm den Zettel mit den Startdaten: Wenn wir irgendwo wegen eines Bremsversagers ins Gras rollen und jemand verstaucht sich den Arm, versucht sein Anwalt, dir Arbeitsfehler nachzuweisen. Mit dieser umfangreichen Dokumentation und den gespeicherten Daten kann dir nicht viel passieren."

Es gibt Durchschnittspiloten, fliegerische Naturtalente und Erbsenzähler. Manche lieben den Routinetrott, andere sind immer in Bestform. Tief im Innern des Flugzeugs wachen Black Boxen über alles, was an Bord passiert. Unzerstörbar, unbestechlich und diskret.

Der deutsche Luftraum gehört zu den verkehrsreichsten der Welt. Hier fliegt ein Airbus A340-400 der Lufthansa über einem Airbus A320 von Air Berlin hinweg

Magische Momente: Morgenstimmung nach einem Nachtflug – Copilot Richard Harms im Cockpit eines Airbus A320

Fliegen ist nicht nur Technik plus Menschen plus Aerodynamik – das wird jedem klar, der einen Sonnenaufgang aus dem Cockpit-Fenster erleben durfte. Im folgenden Kapitel erzählen Piloten, was sie noch nach vielen Jahren an ihrem Beruf besonders reizt

Faszination Cockpit

FASZINATION COCKPIT

Was hebt den Pilotenberuf aus der Masse gut bezahlter Spezialjobs heraus? Der frisch pensionierte Jumbo-Kapitän Bernd Kopf meint dazu mit einem Blick auf seine Berufswahl. „Flugzeugführer ist eine Tätigkeit und kein anerkannter Beruf, dabei ist es der schönste und abwechslungsreichste Job der Welt." Diese Einschätzung hat sicher auch mit dem Ansehen in der Bevölkerung und der guten Stimmung unter den Piloten zu tun. Jeder Mensch strebt wohl nach Anerkennung bei dem, was er tut. Wer nicht nur Linie fliegen und 35, 40 Jahre lang von A nach B düsen will, kann nebenbei studieren oder eine Nebentätigkeit ausüben. Er könnte auch in der eigenen Firma Ausbilder werden, was ihm den Titel „Sachverständiger" einbrächte. Die meisten Linienpiloten verzichten auf höhere Weihen, ihnen macht der fliegerische Alltag zu viel Spaß.

Copilotin Birgit Sommer beschreibt die Faszination kurz und bündig so: „Du bekommst täglich gute Laune gratis, dazu nette Kollegen und schöne Flüge."

Ihre Kollegin Johanna Foitzik wird „wie die meisten Piloten vom Fernweh getrieben"; sie ist einfach gern unterwegs.

Kapitän Dagmar Haldenwanger sieht es ähnlich: „Wenn die Kollegen gut drauf sind, ist das Ziel nicht so wichtig."

Pilotin Monika Herr gerät noch nach über zwanzig Dienstjahren ins Schwärmen: „Als Copilotin auf der Langstrecke war ich sehr gerne in Johannesburg, San Fransico und Los Angeles. Heute zählen Berlin, Dresden und Göteborg zu meinen Lieblingszielen." Für sie ist das Alpenpanorama „das schönste Gebirge". Monika erinnert sich an „echte fliegerische Leckerbissen" wie die Überführung einer einmotorigen Beechcraft Bonanza A36 aus den USA nach

Ein Blick auf den Nordosten von Fuerteventura. Wo sich tagsüber Touristen in der Sonne aalen, kann man beim Anflug immer neue Farbspiele von Wasser, Sand und Wolken erleben

Chicago, vom Nordwesten gesehen. „My kind of town" sang Frank Sinatra über diese Stadt – für den Autor ist sie eines der schönsten Ziele im ganzen Streckennetz

Deutschland und weitere solcher „Ferry"-Flüge in einer zweimotorigen Beechcraft King Air, die sie mit ihrem Mann, den Kindern oder Eltern erlebte.

Auch Kapitän Rüdiger Kahl weiß, was er an der Fliegerei hat. „Schon die Bedienung des Flugzeuges macht Freude. Was für ein professionelles und spannendes Umfeld! Wir sehen bei schlechtem Bodenwetter täglich mindestens einmal die Sonne, lernen mit tollen Teams schöne Reiseziele kennen."

Berufsanfänger Marcus Tanneberger wusste schon als Kind: „Fliegen ist mein Traum, den will ich leben." Er ist nach anstrengender Ausbildung überrascht, wie stark automatisiert die Arbeit ist. „Piloten bedienen Computer, die ihnen einiges abnehmen", bemerkt der junge Mann. „Ich hatte aber noch nicht das Gefühl, mir könnte das zu langweilig werden. Nach dem Start durch Regen und dichte Wolken siehst du die strahlende Sonne mit all ihren Farben. Solche Naturschauspiele sind das

Größte! Ich bin immer wieder von diesen Bildern überwältigt. Schon das Gefühl, ein tonnenschweres Gerät in die Luft zu befördern, ist unglaublich." Nichts als Gefühle? Das nimmt den gut bezahlten Piloten großer Airlines kaum jemand ab. Marcus Tanneberger weiß aus Gesprächen, dass viele Bewerber an die Zeit denken, wenn die Ausbildungsdarlehen abgezahlt sind und ein gutes Gehalt winkt. „Was nutzen Geld, Uniform und Prestige, wenn man auf Dauer nicht zufrieden mit der Arbeit ist", gibt er zu bedenken. Der Traumjob Pilot wird – im Gegensatz zu anderen – immer nur auf Zeit ausgeübt. Wer die halbjährlichen Checks nicht schafft oder gesundheitlich untauglich wird, ist schnell wieder Fußgänger und zumindest vorläufig arbeitslos. Ein Schreibtisch-Job ist für normale Linienpiloten nicht vorgesehen; sie sollten sich daher rechtzeitig finanziell absichern.

Monika Herr hat die Fliegerei als Bildungsurlaub entdeckt. „Ich habe in vielen Teilen der

FASZINATION COCKPIT

Inselwelt bei Hurghada, Ägypten:
Den Piloten bietet sich kurz vor dem
Eindrehen in die Platzrunde zur
Landung ein faszinierend schönes Bild

TRAUMHAFTE AUSBLICKE

FASZINATION COCKPIT

Ein Wolkenamboss scheint den Weg zu zeigen

Welt Freunde und kann ihre Länder auch hinter den Kulissen betrachten", freut sie sich. Was auch immer in grauer Schulzeit in Erdkunde, Physik oder Politik an Wissen nicht hängen blieb, wird beim Fliegen mühelos aufgefrischt; Reisen bildet eben. Die zweifache Mutter setzt sich intensiv mit der Teamarbeit auseinander. „Mich interessiert das Zusammenspiel von Technik und menschlicher Arbeit. Ich bin immer wieder beeindruckt, was eine Crew gemeinsam schaffen kann, wenn sie gut zusammenarbeitet. Passagiere merken oft gar nicht, welche Logistik hinter einem einzigen Flug steckt: Als Insiderin begeistert mich das immer wieder. Natürlich kann es auch mal Sand im Getriebe geben, doch Einzelne können diese Faszination kaum zerstören."

Auch Kapitän Uwe Wenkel begeistert der „immerwährend neue Umgang mit Mensch und Technik" sowie „das Reisen an sich". Faszination hat mit Romantik zu tun, und Flieger können durchaus romantisch sein. „Der Job erscheint auf den ersten Blick sehr technisch", stellt Deutsch-Franzose Roman Thissen fest. „Aber das stimmt nur zum Teil. Die vielen schönen Landschaften, Wolkenmeere, Sonnenauf- und -untergänge, all die fernen Länder und Menschen wären ja pure Vergeudung, wenn wir Flieger nicht romantisch angehaucht wären."

Copilotin Birgit Sommer sieht es pragmatischer: „Das Fliegen macht am meisten Spaß. Ein schöner Sichtanflug, eine gute Landung – so was bringt Hochgefühl." Birgit liebt Technik und freut sich an dem, was alles so im Flieger steckt. Sie schätzt auch die Sorgenfreiheit, verglichen mit ähnlich dotierten Jobs am Boden: „Wenn du nach Hause gehst, beginnt die Freizeit."

Der Schweizer Lufthansa-Pilot Martin Wälti ist dankbar, dass er sein Hobby zum Beruf machen konnte; faszinierend findet er auch das bunte Miteinander von Fliegern aller Sparten und Nationen.

Flugkapitän Johanna Foitzik ist immer wieder überrascht von der Logistik eines Flughafens. „Wir beschweren uns oft darüber, wenn etwas nicht klappt", sinniert sie. „Dabei ist das meiste im Alltag einfach Klasse."

Cargo-Pilot Markus Kugelmann möchte einfach „unterwegs sein, die Welt kennenlernen". Er schätzt die Herausforderung unregelmäßiger Arbeitszeiten und neuer Aufgaben: „Man muss immer flexibel sein, sich auf neue Situationen einstellen, den Geist beweglich halten ... toll ist auch das Handwerk Fliegen an sich – eine Arbeit mit Händen und Füßen, bei der man denken und Entscheidungen treffen muss."

Vor dem Start in die Nacht – faszinierende Lichter am Flughafen

So faszinierend erschien das Fliegen in den 1930er-Jahren, wenn Hans Albers sang:

Vom Nordpol bis zum Südpol ist's nur ein Katzensprung, wir fliegen die Strecke bei jeder Witterung, wir warten nicht, wir starten, was immer auch geschieht, durch Wind und Wetter dringt das Fliegerlied.

Dein Leben, das ist ein Schweben durch die Ferne, die keiner bewohnt. Schneller und immer schneller rast der Propeller, wie dir's grad gefällt, Piloten ist nichts verboten, drum gib Vollgas und flieg' durch die Welt. Such dir die schönste Sternenschnuppe aus und bring sie deinem Mädel mit nach Haus.

Flieger, grüß mir die Sonne, grüß mir die Sterne und grüß mir den Mond.

Aus dem im Jahre 1932 gedrehten UFA-Film „F.P.1 antwortet nicht"; Musik: Allan Gray; Text: Walter Reisch

FASZINATION COCKPIT

Grönland – hier gibt es noch Grundstücke

Frachterkapitän Cliff Smith findet es einfach toll, Pakete zu transportieren, trainiert zu werden und im Team zu arbeiten. Der ehemalige Kampfpilot mag das ständige Büffeln. „Jede Umschulung auf ein anderes Flugzeug ist eine große Herausforderung", findet er. „Und die Arbeit mit anderen Menschen. Gerade bei der Ausbildung zum Kapitän ist Fingerspitzengefühl gefragt: Der Copilot soll das sichere Gefühl haben, nicht bloß ein Sandsack auf dem rechten Sitz zu sein, sondern ein vollwertiger Mitarbeiter – und bei allen Entscheidungen wirklich mitwirken." Natürlich macht Smith schon das pure Fliegen Spaß: „Kein anderes Umfeld wird so von den eigenen Fähigkeiten und Entscheidungen bestimmt – egal, ob du im Kampfjet sitzt oder wie ein Trucker Fracht von Memphis nach Pittsburgh bringst. Nicht einmal das schnellste Auto kann das bieten."

TRAUMHAFTE AUSBLICKE

Cliff Smith gibt jüngeren Kollegen gern väterliche Ratschläge. „Öffne den Joghurtbecher immer Richtung Flugzeugnase! Die Dinger werden durch den Kabinendruck aufgeblasen und spritzen sonst übers Pilotenhemd." Oder er zitiert eine alte Fliegerweisheit: „Ein toller Pilot hat herausragende Fähigkeiten. Ein wirklich großer Pilot vermeidet Situationen, wo er sie braucht." In ein paar Jahren wird der alte Haudegen in Rente gehen. „Ich will so oft Golf spielen wie möglich", lacht er. „Das macht selbst Piloten demütig."

Ich kenne viele Piloten in aller Welt; für sie ist Fliegen mehr als nur ein Job. Schon unsere Luftwaffen-Fluglehrer in Texas und Arizona motivierten uns, zeigten Tatendrang und gute Laune. Sie wussten: Kein noch so gut bezahlter Bodenjob kommt dem im Cockpit an Zufriedenheitspotenzial auch nur nahe. Ich kann mir nicht vorstellen, in einem Büro auf den tariflich geregelten Feierabend zu warten; der Schichtdienst ist Bestandteil meiner Freizeitplanung. Nachtflüge und Jetlag nehme ich gern in Kauf, denn viele schöne Dinge im Leben kann man nur machen, wenn andere schlafen.

Chesley Sullenberger, nach einer glücklichen Notwasserung im Hudson River zum Kult-Piloten avanciert, hat ein überzeugendes Buch über sein Fliegerleben geschrieben. Es handelt von dem spektakulären Ereignis, aber auch Sullenbergers Werdegang, seiner Familie und dem besonderen Flair, das die Fliegerei mit sich bringt. Die Quintessenz: Fußgänger ist man sein Leben lang, Pilot wird man nur unter glücklichen Voraussetzungen. Der weißhaarige Mann mit den freundlichen Augen lächelt uns vom Buchcover entgegen. Er erinnert an treue Weggefährten, spannende Trips, aufregende Flugzeuge und schöne Eindrücke aus der Vogelperspektive. Was wünscht sich jemand, der seine Crew und Passagiere aus einer schier ausweglosen Lage rettete und demnächst in den – wahrlich verdienten – Ruhestand geht?

Flugbegleiterin Nicole Heinzelmann serviert SFO Bastiaan Rietvelt das Abendessen über Kanada

Sullenberger verrät uns, *„dass ich meinen Töchtern gern all die Wunder der Erde zeigen möchte, die ich aus dem Cockpit sehen durfte"*.

Piloten, auf welchem Muster und in welcher Funktion auch immer, starten und enden ihre Laufbahn als Fußgänger. Dazwischen liegt eine schöne, abwechslungsreiche Zeit. Wer je „oben" arbeitete, kann sie verstehen. Fliegen ist kein Job; es ist ein Privileg.

Buchtipp

Chesley Sullenberger, Jeffrey Zaslow:
Man muss kein Held sein.
Auf welche Werte es im Leben ankommt.
ISBN: 978-3-570-10049-3,
Bertelsmann Verlag, München 2009

Was gibt es Romantischeres als schöne Sonnenauf- und -untergänge, von einem Flugzeug aus betrachtet